高等职业教育建筑工程技术专业教学基本要求

高职高专教育土建类专业教学指导委员会
土建施工类专业分指导委员会 编制

中国建筑工业出版社

图书在版编目(CIP)数据

高等职业教育建筑工程技术专业教学基本要求/高职高专教育土建类专业教学指导委员会土建施工类专业分指导委员会编制. —北京：中国建筑工业出版社，2012.12
ISBN 978-7-112-15037-3

Ⅰ. ①高… Ⅱ. ①高… Ⅲ. ①建筑工程-高等职业教育-教学参考资料 Ⅳ. ①TU

中国版本图书馆 CIP 数据核字（2013）第 008042 号

责任编辑：朱首明　李　明
责任设计：李志立
责任校对：肖　剑　党　蕾

高等职业教育建筑工程技术专业教学基本要求

高职高专教育土建类专业教学指导委员会
土建施工类专业分指导委员会 编制

*

中国建筑工业出版社出版、发行(北京西郊百万庄)
各地新华书店、建筑书店经销
北京红光制版公司制版
北京同文印刷有限责任公司印刷

*

开本：787×1092 毫米　1/16　印张：5½　字数：130 千字
2013 年 9 月第一版　　2013 年 9 月第一次印刷
定价：**19.00** 元
ISBN 978-7-112-15037-3
(23143)

土建类专业教学基本要求审定委员会名单

主　任：吴　泽

副主任：王凤君　袁洪志　徐建平　胡兴福

委　员：（按姓氏笔划排序）

丁夏君　马松雯　王　强　危道军　刘春泽

李　辉　张朝晖　陈锡宝　武　敬　范柳先

季　翔　周兴元　赵　研　贺俊杰　夏清东

高文安　黄兆康　黄春波　银　花　蒋志良

谢社初　裴　杭

出 版 说 明

近年来，土建类高等职业教育迅猛发展。至 2011 年，开办土建类专业的院校达 1130 所，在校生近 95 万人。但是，各院校的土建类专业发展极不平衡，办学条件和办学质量参差不齐，有的院校开办土建类专业，主要是为满足行业企业粗放式发展所带来的巨大人才需求，而不是经过办学方的长远规划、科学论证和科学决策产生的自然结果。部分院校的人才培养质量难以让行业企业满意。这对土建类专业本身的和土建类专业人才的可持续发展，以及服务于行业企业的技术更新和产业升级带来了极大的不利影响。

正是基于上述原因，高职高专教育土建类专业教学指导委员会（以下简称“土建教指委”）遵从“研究、指导、咨询、服务”的工作方针，始终将专业教育标准建设作为一项核心工作来抓。2010 年启动了新一轮专业教育标准的研制，名称定为“专业教学基本要求”。在教育部、住房和城乡建设部的领导下，在土建教指委的统一组织和指导下，由各分指导委员会组织全国不同区域的相关高等职业院校专业带头人和骨干教师分批进行专业教学基本要求的开发。其工作目标是，到 2013 年底，完成《普通高等学校高职高专教育指导性专业目录（试行）》所列 27 个专业的教学基本要求编制，并陆续开发部分目录外专业的教学基本要求。在百余所高等职业院校和近百家相关企业进行了专业人才培养现状和企业人才需求的调研基础上，历经多次专题研讨修改，截至 2012 年 12 月，完成了第一批 11 个专业教学基本要求的研制工作。

专业教学基本要求集中体现了土建教指委对本轮专业教育标准的改革思想，主要体现在两个方面：

第一，为了给各院校留出更大的空间，倡导各学校根据自身条件和特色构建校本化的课程体系，各专业教学基本要求只明确了各专业教学内容体系（包括知识体系和技能体系），不再以课程形式提出知识和技能要求，但倡导工学结合、理实一体的课程模式，同时实践教学也应形成由基础训练、综合训练、顶岗实习构成的完整体系。知识体系分为知识领域、知识单元和知识点三个层次。知识单元又分为核心知识单元和选修知识单元。核心知识单元提供的是知识体系的最小集合，是该专业教学中必要的最基本的知识单元；选修知识单元是指不在核心知识单元内的那些知识单元。核心知识单元的选择是最基本的共性的教学要求，选修知识单元的选择体现各校的不同特色。同样，技能体系分为技能领域、技能单元和技能点三个层次组成。技能单元又分为核心技能单元和选修技能单元。核心技能单元是该专业教学中必要的最基本的技能单元；选修技能单元是指不在核心技能单元内的那些技能单元。核心技能单元的选择是最基本的共性的教学要求，选修技能单元的选择体现各校的不同特色。但是，考虑到部分院校的实际教学需求，专业教学基本要求在附录1《专业教学基本要求实施示例》中给出了课程体系组合示例，可供有关院校参考。

第二，明确提出了各专业校内实训及校内实训基地建设的具体要求（见附录2），包括：实训项目及其能力目标、实训内容、实训方式、评价方式，校内实训的设备（设施）配置标准和运行管理要求，实训师资的数量和结构要求等。实训项目分为基本实训项目、选择实训项目和拓展实训项目三种类型。基本实训项目是与专业培养目标联系紧密，各院校必须开设，且必须在校内完成的职业能力训练项目；选择实训项目是与专业培养目标联系紧密，各院校必须开设，但可以在校内或校外完成的职业能力训练项目；拓展实训项目是与专业培养目标相联系，体现专业发展特色，可根据各院校实际需要开设的职业能力训练项目。

受土建教指委委托，中国建筑工业出版社负责土建类各专业教学基本要求的出版发行。

土建类各专业教学基本要求是土建教指委委员和参与这项工作的教师集体智慧的结晶，谨此表示衷心的感谢。

高职高专教育土建类专业教学指导委员会
2012年12月

前　　言

《高等职业教育建筑工程技术专业教学基本要求》是根据教育部《关于委托各专业类教学指导委员会制（修）定“高等职业教育专业教学基本要求”的通知》（教职成司函【2011】158号）与住房和城乡建设部人事司的有关要求，在高职高专教育土建类专业教学指导委员会的领导和协调下，由土建施工类专业分指导委员会组织专门的编写工作组编制完成。

在本教学基本要求编制过程中，编写工作组紧密结合我国高等职业教育发展改革的实际，本着为行业、企业培养面向生产、管理、服务一线技术技能型人才的目标，进行了认真的论证，对编写工作做了认真的准备，并通过各种渠道进行了广泛的调查研究，用国际一流的职业教育理念为引领，吸收了国内众多高等职业院校在建筑工程技术专业建设方面的成功经验。在完成初稿之后，本教学文件经过了多次专题论证，并在有关会议和培训中进行交流，收集各方面的意见和建议，最后经审查定稿。

本教学基本要求适用于招收普通高中毕业生、三年学制的高等职业教育建筑工程技术专业，对专业名称、就业面向、培养目标与规格、职业证书、教育内容及标准、专业办学基本条件等专业办学关键要素进行了明确、清晰的描述与规定。本教学基本要求的教育内容包括知识体系和技能体系二部分，倡导各院校根据自身条件和特色构建校本化的课程体系。倡导工学结合、理实一体的课程模式。本教学基本要求是高等职业教育建筑工程技术专业建设的指导性文件。

本教学基本要求包括：专业名称、专业代码、招生对象、学制与学历、就业面向、培养目标与规格、职业证书、教育内容及标准、专业办学基本条件和教学建议、继续学习深造建议等十个方面的内容；另有“建筑工程技术专业教学基本要求实施示例”和“高职高专教育建筑工程技术专业校内实训及校内实训基地建设导则”两个附录。

本教学基本要求由高职高专教育土建类专业教学指导委员会负责管理，由高职高专教育土建类专业教学指导委员会土建施工类专业分指导委员会负责日常管理，由黑龙江建筑职业技术学院负责对本教学基本要求条文的解释。

本教学基本要求主编单位：黑龙江建筑职业技术学院

本教学基本要求参编单位：辽宁建筑职业学院 湖北城市建设职业技术学院

本教学基本要求主要起草人员：赵　研　危道军　丁春静　孙玉红　王付全　侯洪涛

王春宁　李　光　张　怡　周仲景　杨庆丰　王作成
郭宏伟

本教学基本要求主要审查人员：胡兴福　王　强　陈年和　何　辉　李社生　冯光灿
张　伟　郝　俊　杨太生　战启芳　赵惠琳　黄春蕾
武佩牛　邓宗国

住房和城乡建设部高职高专教育土建类专业教学指导委员会
土建施工类专业分指导委员会

目　录

高等职业教育建筑工程技术专业
教学基本要求

1 专业名称

建筑工程技术专业

2 专业代码

560301

3 招生对象

普通高中毕业生

4 学制与学历

三年制，专科

5 就业面向

建筑工程技术专业就业面向　　表1

1	就业职业领域	建筑施工企业、建筑工程监理企业、建筑设计单位、建筑工程管理单位及其他相关企事业单位
2	初始就业岗位群	主要岗位：施工员、质量员、安全员、资料员、材料员； 相近岗位：造价员、监理员、测量员、劳务员、标准员
3	发展岗位群	注册建造师、建筑施工或施工管理工程师、监理工程师及相关技术管理岗位。 二级注册建造师获取时间为3年，一级注册建造师获取时间为7年；助理工程师获取时间为3年，工程师获取时间为7年

6 培养目标与规格

6.1 培养目标

本专业培养德、智、体、美全面发展，掌握本专业必备的基础理论和专业知识，具有建筑施工企业生产一线施工员、质量员、安全员、资料员、材料员等岗位能力和专业技能，并能在相关岗位从事技术及管理工作的技术技能型人才。

6.2 人才培养规格

1. 毕业生具备的基本素质

（1）政治思想素质：热爱中国共产党，热爱社会主义祖国，拥护党的基本路线和改革开放的政策，事业心强，有奉献精神；具有正确的世界观、人生观、价值观，遵纪守法；为人诚实、正直、谦虚、谨慎，具有良好的职业操守和公共道德。

（2）文化素质：具有学习专业和从事岗位工作必需的文化基础，具有良好的文化修养和审美能力；知识面宽，自学能力强；能用得体的语言、文字和行为表达自己的意愿，具有社交能力和礼仪知识；有严谨务实的工作作风。

（3）身体和心理素质：拥有健康的体魄，能适应岗位对体能的要求；具有健康的心理和乐观的人生态度；朝气蓬勃，积极向上，奋发进取；思路开阔、敏捷，具有处理和协调问题的能力。

（4）业务素质：具有从事岗位工作所必需的专业知识和能力；具有创新精神、自觉学习、不断提高业务水平的态度和立业创业的意识，适应社会主义市场经济的需要。

2. 毕业生具备的专业知识

（1）具有本专业所必需的数学、力学、信息技术、建设工程法律法规等方面知识；

（2）掌握投影、制图和识图、房屋建筑构造、建筑结构的基本理论和专业知识；

（3）掌握建筑材料与检测、施工测量、建筑施工、建筑工程计量与计价、施工组织与项目管理、建筑工程质量检验、建筑施工安全管理、建筑施工技术资料管理、招投标与合同管理等专业知识；

（4）具有土建主要工种的工艺及操作知识；

（5）具有建筑水电设备等相关专业的基本知识；

（6）了解建筑施工新技术、新材料、新工艺和新设备的相关信息。

3. 毕业生具备的专业能力

（1）能准确识读与正确理解土建专业施工图及设备专业主要施工图，能绘制土建工程竣工图；

（2）能对建筑工程常用建筑材料及制品进行选用、进场验收、性能检测和保管；

（3）能熟练实施建筑施工测量；

（4）能编制建筑工程常规分部分项工程施工方案，参与编制常见单位工程施工组织设计；

（5）能按照建筑工程质量、安全、进度、环保和职业健康要求科学地组织施工和指导施工作业；

（6）能对建筑工程进行施工质量和施工安全检查；

（7）能依据有关技术标准的规定分析解决一般的建筑工程施工技术问题；

（8）能根据建筑工程实际编制、收集、整理和移交工程技术资料；

（9）能编制工程量清单报价，参与工程招投标、施工成本控制及竣工结算；

（10）能进行1～2个土建主要工种的基本操作；

（11）能与工作伙伴交往，开展团队协作；

（12）能主动学习新知识、新技术、新材料、新设备并有所创新。

4. 毕业生具备的职业态度

（1）能自觉遵守相关法律法规、标准和管理规定；

（2）能牢固树立“质量第一、安全第一”的意识，坚持安全生产、文明施工；

（3）能自觉节约资源、保护环境和绿色施工；

（4）能爱岗敬业、严谨务实、团结协作、吃苦耐劳，具有良好的职业操守和组织协调能力。

7 职业证书

在毕业时学生应获取施工员、质量员、安全员、资料员、材料员、造价员、监理员、测量员、劳务员、标准员岗位资格证书之一。

8 教育内容及标准

8.1 专业教育内容体系框架（见表2）

建筑工程技术专业职业岗位和职业核心能力对应表　　表2

职业岗位	职业岗位核心能力	主要知识领域
土建施工员	1. 施工组织策划能力； 2. 施工技术管理能力； 3. 施工进度及成本控制能力； 4. 质量安全与环境管理能力； 5. 施工信息及资料管理能力	1. 法律法规知识； 2. 建筑材料应用知识； 3. 建筑识图、力学、构造和结构知识； 4. 计算机应用知识； 5. 施工技术及管理知识； 6. 项目管理、造价控制知识； 7. 必备的人文、社会科学知识

续表

职业岗位	职业岗位核心能力	主要知识领域
土建质量员	1. 质量计划准备能力； 2. 材料质量控制能力； 3. 工序质量控制能力； 4. 质量问题处置能力； 5. 质量资料管理能力	1. 法律法规知识； 2. 建筑材料应用知识； 3. 建筑识图、力学、构造和结构知识； 4. 施工质量管理知识； 5. 施工质量问题处置知识； 6. 项目管理知识； 7. 必备的人文、社会科学知识
安全员	1. 项目安全策划能力； 2. 资源环境安全检查能力； 3. 作业安全管理能力； 4. 安全事故处理能力； 5. 安全资料管理能力	1. 法律法规知识； 2. 建筑材料应用知识； 3. 建筑识图、力学、构造和结构知识； 4. 施工安全管理知识； 5. 施工安全防范和事故处理知识； 6. 项目管理知识； 7. 必备的人文、社会科学知识
材料员	1. 建筑材料管理计划能力； 2. 建筑材料采购验收能力； 3. 建筑材料使用存储能力； 4. 建筑材料统计核算能力； 5. 建筑材料资料管理能力	1. 法律法规知识； 2. 材料应用、验收、存储、管理和供应知识； 3. 建筑识图、力学知识； 4. 项目管理知识； 5. 招投标知识； 6. 工程预算知识； 7. 必备的人文、社会科学知识
资料员	1. 资料计划管理能力； 2. 资料收集整理能力； 3. 资料使用保管能力； 4. 资料归档移交能力； 5. 资料信息系统管理能力	1. 法律法规知识； 2. 建筑材料应用知识； 3. 建筑识图、构造和设备知识； 4. 施工技术资料管理知识； 5. 项目管理和预算知识； 6. 计算机应用知识； 7. 必备的人文、社会科学知识

专业教育内容体系由职业基础教育内容、职业岗位教学内容和职业拓展教学内容组成。

1. 职业基础教育内容：思想与道德教育；自然科学；人文社会科学；外语、计算机信息技术、体育等。

2. 职业岗位教学内容：

（1）专业基础理论：数学、建筑识图与构造、建筑力学与结构、建筑材料、测量、建筑施工、施工组织、建筑工程计量与计价、建筑工程质量、安全管理等。

（2）专业实践训练：工种实训、建筑材料检测、测量实训；施工图会审、招投标与合同管理、施工技术管理、技术资料管理等。

3. 职业拓展教学内容：主要是为了适应学生就业专门化需求而设置，可涉及部分土建工种操作实训、建筑结构设计实训、建筑节能施工和特殊构造实训等内容。

8.2 专业教学内容及标准

1. 专业知识、技能体系一览表

建筑工程技术专业知识体系一览表 表3

知识领域	知识单元		知识点
1. 识读与绘制土建专业施工图	核心知识单元	(1) 投影基本知识	1) 投影分类及三面投影体系； 2) 点、线、面的三面投影知识； 3) 基本形体和组合体的三面投影知识
		(2) 识读土建专业施工图	1) 制图标准的应用知识； 2) 有关标准图集的应用； 3) 图纸文本文件的阅读
		(3) 绘制土建专业施工图	1) 绘图工具的应用知识； 2) 图线、比例和图例符号； 3) 土建专业施工图的构成
	选修知识单元	(1) 轴测图基本知识	1) 正等测投影知识； 2) 斜二测投影知识
		(2) 识读设备专业主要施工图	1) 电气专业施工图； 2) 暖通专业施工图； 3) 建筑给排水专业施工图
2. 建筑材料应用	核心知识单元	(1) 建筑材料的性能和应用	1) 材料的基本知识； 2) 材料的性能和指标； 3) 材料应用的知识； 4) 材料保管的知识
	选修知识单元	(1) 建筑材料检测的知识	1) 材料取样的知识； 2) 材料检测步骤； 3) 材料检验数据分析的知识； 4) 检验报告填写
3. 建筑构造认知	核心知识单元	(1) 建筑构造的基本概念	1) 建筑构造的主要任务； 2) 建筑构造基本工作原理； 3) 建筑的分类的知识； 4) 建筑的防火等级
		(2) 民用建筑构造知识	1) 民用建筑的构造组成； 2) 民用建筑常见构造的知识
	选修知识单元	(1) 工业建筑构造知识	1) 工业建筑的特点和分类； 2) 单层厂房的构造知识

续表

知识领域	知 识 单 元		知 识 点
4. 建筑力学与结构	核心知识单元	(1) 建筑结构的受力分析和内力计算	1) 荷载的分类、特点、计算知识; 2) 静力学分析、力的合成与分解、未知力求解的知识; 3) 材料力学基本计算、内力图绘制知识; 4) 结构力学基本知识; 5) 房屋基本构件内力分析知识
		(2) 砌体结构房屋初步设计	1) 砌体材料的力学性能和选用知识; 2) 无筋拓展基础构造及强度计算知识; 3) 砌体(构件)的强度及稳定计算知识
		(3) 混凝土结构房屋的初步设计	1) 钢筋及混凝土组成材料的力学性能知识; 2) 基本构件截面的选择与配筋计算知识; 3) 基本构件的变形计算知识
	选修知识单元	(1) 建筑抗震的基本知识	1) 砌体结构的抗震措施知识; 2) 混凝土结构的抗震措施知识
		(2) 预应力混凝土结构	1) 预应力混凝土的类型与应用知识; 2) 常见预应力混凝土结构构件的验算知识
5. 建筑施工测量	核心知识单元	(1) 水准仪、水准标尺的构造和应用	1) 水准仪、水准标尺构造和使用要点; 2) 水准测量原理; 3) 高程测设与抄平测量的知识; 4) 方格网法场地平整测量的知识
		(2) 经纬仪的构造和应用	1) 经纬仪构造和使用要点; 2) 水平角测量、测定建筑物倾斜的知识; 3) 设计水平角的测设知识
	选修知识单元	(1) 全站仪的构造和应用	1) 全站仪原理与角度测量知识; 2) 全站仪坐标测量与数据通讯; 3) 全站仪点位测设; 4) 全站仪导线测量
		(2) 地形图识读	1) 测量学基础知识、地形图应用的基本知识; 2) 地形测量与测设的知识
6. 计算机应用	核心知识单元	(1) 计算机操作和应用	1) 计算机基本操作知识; 2) 计算机硬件构成与基本维护知识; 3) 应用软件的安装与卸载知识
		(2) 常用办公软件应用	1) Word 的应用知识; 2) Excel 的应用知识; 3) PowerPoint 的应用知识
		(3) 主要专业绘图软件应用	1) 基本操作及文件管理知识; 2) 常用图形的绘制、编辑知识; 3) 图形标注知识; 4) 图形的输出知识

续表

知识领域	知识单元		知识点
6. 计算机应用	选修知识单元	(1) Internet 应用	1) 图文检索的知识； 2) 网络资源下载； 3) 网络维护的知识； 4) 网页制作的知识
		(2) 其他专业软件应用	1) BIM 应用的概念； 2) 平面设计软件应用知识
7. 施工技术应用	核心知识单元	(1) 地基与基础工程施工	1) 土的物理性质、分类、计算参数及应用知识； 2) 土的力学性能、应力和变形； 3) 常见基础的施工； 4) 常见地基处理技术及应用； 5) 深基坑支护、降水技术
		(2) 砌体结构工程施工	1) 砌块、砂浆的技术指标及应用，墙体强度和稳定验算知识； 2) 圈梁、构造柱的作用和设置要求，施工过程与技术要求； 3) 过梁的强度验算，挑梁的强度及稳定验算； 4) 砌体工程施工工艺
		(3) 混凝土结构工程施工	1) 模板设计与施工知识； 2) 钢筋的加工与绑扎； 3) 混凝土配合比设计及运输，浇筑、振捣及养护方式
		(4) 屋面与防水工程施工	1) 防水材料的种类、性能及使用知识； 2) 常见屋面类型及防水、排水施工； 3) 卫生间的防水、排水施工； 4) 地下室的防水、防潮施工
	选修知识单元	(1) 钢结构加工与安装	1) 钢材性能的知识； 2) 构件的形式； 3) 焊缝、螺栓连接的计算与构造措施； 4) 质量检查的知识
		(2) 建筑装饰施工	1) 一般装饰材料性能、应用知识； 2) 基本装饰的施工方法
		(3) 设备安装技术	1) 暖通空调、建筑给排水及消防系统的类型及构成； 2) 电气系统的类型及构成
8. 建筑工程计量与计价	核心知识单元	(1) 工程造价应用	1) 土建预算定额的知识； 2) 装饰预算定额的知识
		(2) 工程量计算	1) 主体工程工程量计算的知识； 2) 装饰工程工程量计算的知识
		(3) 工程量清单与定额计价	1) 清单和定额计价的概念； 2) 清单和定额计价的方法和程序知识

续表

知识领域		知 识 单 元	知 识 点
8. 建筑工程计量与计价	选修知识单元	（1）预算软件应用	1）预算软件的特点； 2）常用预算软件应用知识
		（2）竣工结算和决算	1）基本概念； 2）编制与审核的知识
9. 施工管理	核心知识单元	（1）工程质量检验	1）地基与基础工程检验知识； 2）主体工程检验知识； 3）装饰工程检验知识； 4）屋面工程检验知识
		（2）工程质量检验文件编制	1）分项工程检验文件编制知识； 2）分部工程检验文件编制知识； 3）单位工程检验文件编制知识； 4）各项质量管理规章制度编制知识
		（3）质量控制	1）工序质量控制措施； 2）影响因素的质量控制措施
		（4）安全生产管理	1）安全生产责任制和管理机构； 2）施工现场安全管理知识； 3）事故的防范、救援和处理知识
		（5）工程资料管理	1）土建工程资料管理知识； 2）安全资料管理知识； 3）资料整理和归档知识
		（6）编制施工组织设计	1）施工方案的编制知识； 2）施工进度计划的编制知识； 3）施工现场平面布置图
	选修知识单元	（1）常见施工质量通病防范	1）地基与基础工程质量通病的认知和判断； 2）主体工程质量通病的认知和判断； 3）装饰工程质量通病的认知和判断； 4）屋面及防水工程质量通病的认知和判断
		（2）质量资料的整理和收集	1）质量管理资料的收集知识； 2）资料的分类、整理和归档知识
		（3）文明绿色施工和职业健康	1）文明绿色施工的规定； 2）职业健康的规定
		（4）资料管理的计算机应用	1）计算机系统应用知识； 2）资料的输入和编辑知识

续表

知识领域	知 识 单 元		知 识 点
10. 主要工种操作	核心知识单元	(1) 砌筑工工艺及操作	1) 基本工艺流程的知识; 2) 质量标准的知识; 3) 施工安全标准的知识; 4) 常用施工机具应用的知识; 5) 评定验收的知识
		(2) 模板工工艺及操作	1) 基本工艺流程的知识; 2) 质量标准的知识; 3) 施工安全标准的知识; 4) 常用施工机具应用的知识; 5) 评定验收的知识
	选修知识单元	(1) 抹灰工、防水工的工艺及操作	1) 基本工艺流程的知识; 2) 质量标准的知识; 3) 施工安全标准的知识; 4) 常用施工机具应用的知识; 5) 评定验收的知识
		(2) 钢筋工、架子工及混凝土工的工艺及操作	1) 基本工艺流程的知识; 2) 质量标准的知识; 3) 施工安全标准的知识; 4) 常用施工机具应用的知识; 5) 评定验收的知识

建筑工程技术专业技能体系一览表 **表4**

技能领域	技 能 单 元		技 能 点
1. 识读与绘制土建专业施工图的能力	核心技能单元	(1) 识读土建专业施工图	1) 能识读建筑专业施工图; 2) 能识读结构专业施工图; 3) 能阅读设计说明和其他设计文本
		(2) 绘制土建专业施工图	1) 能绘制建筑专业简单施工图; 2) 能绘制结构专业简单施工图; 3) 能拟定和编制设计变更洽商文件
	选修技能单元	(1) 识读设备专业主要施工图	1) 能识读电气专业主要施工图; 2) 能识读暖通专业主要施工图; 3) 能识读给排水专业主要施工图
		(2) 绘制轴测图和徒手图	1) 能绘制正等测图和斜二测图; 2) 能徒手绘制构造示意图
2. 常用建筑材料的应用能力	核心技能单元	(1) 主要建筑材料的检测	1) 能完成材料取样; 2) 能正确实施材料检测程序; 3) 能分析和统计材料检验数据; 4) 能填写检验报告
		(2) 主要建筑材料应用	1) 能运用和执行有关标准; 2) 能掌握材料的应用要求; 3) 能掌握材料的应用方法
	选修技能单元	(1) 特殊建筑材料的应用	1) 能运用和执行有关标准; 2) 能掌握材料的应用要求; 3) 能掌握材料的应用方法

续表

技能领域	技 能 单 元		技 能 点
3. 建筑构造选择和应用能力	核心技能单元	(1) 墙体、楼板和楼梯构造的选择和应用	1) 能选择、应用墙体的主要构造； 2) 能选择、应用现浇钢筋混凝土楼板常见构造； 3) 能选择、应用钢筋混凝土楼梯构造
		(2) 防潮和防水构造的选择和应用	1) 能选择、应用防潮构造； 2) 能选择、应用防水构造
		(3) 保温、隔热和节能构造的选择和应用	1) 能选择、应用保温构造； 2) 能选择、应用隔热构造； 3) 能选择、应用常见的节能构造
	选修技能单元	(1) 门窗构造的选择和应用	1) 能选择、应用塑钢门窗的构造； 2) 能选择、应用铝合金门窗的构造； 3) 能选择、应用门窗与建筑主体的连接构造
		(2) 变形缝设置与应用	1) 能选择、应用伸缩缝的构造； 2) 能选择、应用沉降缝的构造； 3) 能选择、应用防震缝的构造
4. 基本构件验算及设计能力	核心技能单元	(1) 建筑结构的受力分析、内力计算	1) 能判别、汇集各类荷载并计算； 2) 能进行力学分析，力的合成与分解、未知力求解； 3) 能进行材料力学基本计算，内力图绘制； 4) 能进行结构力学基本计算； 5) 能进行房屋基本构件内力分析
		(2) 砌体结构房屋设计能力	1) 能选用砌体材料； 2) 能进行无筋拓展基础强度计算； 3) 能进行砌体（构件）的强度及稳定计算
		(3) 混凝土结构房屋设计能力	1) 能判别钢筋及混凝土组成材料的性能及检验； 2) 能进行基本构件截面的选择与配筋计算； 3) 能进行基本构件的变形计算
	选修技能单元	(1) 建筑抗震的初步应用	1) 能应用砌体结构的抗震措施； 2) 能应用混凝土结构的抗震措施
		(2) 预应力混凝土结构的应用	1) 能合理应用各类常见的预应力混凝土结构； 2) 能验算常见预应力混凝土结构构件
5. 建筑施工测量的能力	核心技能单元	(1) 地形图识读	1) 能阅读大比例尺地形图； 2) 能在工程建设中应用地形图

续表

技能领域	技能单元		技能点
5. 建筑施工测量的能力	核心技能单元	(2) 水准仪使用和水准测量	1) 能熟练使用水准仪; 2) 能实施水准测量、引测高程; 3) 能进行场地平整测量; 4) 能进行高程测设; 5) 能进行沉降观测
		(3) 经纬仪、全站仪使用和角度测量	1) 能熟练使用经纬仪、全站仪; 2) 能用测回法、方向法观测水平角; 3) 能用中丝法观测竖直角; 4) 能进行水平角测设; 5) 能进行垂直角测设坡度
		(4) 钢尺量距、全站仪距离测量	1) 能进行钢尺量距; 2) 能使用全站仪实施距离测量; 3) 能进行距离测设
		(5) 建筑施工测量	1) 能建立建筑施工控制网; 2) 能进行建筑物基线测设; 3) 能实施建筑物定位放线; 4) 能进行基础施工测量; 5) 能实施轴线投测与标高传递、墙体施工测量; 6) 能实施结构安装测量; 7) 能进行变形观测及建筑物竣工测量
	选修技能单元	(1) 全站仪坐标测量	1) 能设置全站仪测站; 2) 能进行定向点设置; 3) 能进行坐标测量; 4) 能进行坐标放样
		(2) 线路工程施工测量	1) 能测设中线及曲线测量; 2) 能进行纵断面测量; 3) 能进行横断面测量; 4) 能计算线路土石方
6. 计算机应用能力	核心技能单元	(1) 计算机操作和应用	1) 能进行计算机基本操作; 2) 能进行一般的计算机维护; 3) 能进行应用软件的安装与卸载
		(2) 常用办公软件应用	1) 能使用 Word; 2) 能使用 Excel; 3) 能使用 PowerPoint
		(3) 常用专业设计软件应用	1) 能绘制简单的建筑专业施工图; 2) 能绘制简单的结构专业施工图
	选修技能单元	(1) Internet 应用能力	1) 能进行图文检索; 2) 能进行网络资源下载; 3) 能进行一般的网络维护; 4) 能制作简单的网页
		(2) 其他专业软件应用能力	1) 能进行 BIM 的基本操作; 2) 能应用平面设计软件

续表

技能领域	技能单元		技能点
7. 施工技术应用的能力	核心技能单元	（1）地基及基础工程施工技术应用	1）能进行土方工程量计算、土方调配计算； 2）能编制单项工程土方施工方案、土方施工技术交底； 3）能判别土方施工机械性能及适用情况； 4）能参与处理软弱地基； 5）能编制基础工程施工方案
		（2）砌体结构施工技术应用	1）能指导搭设脚手架； 2）能按照砌体结构施工工艺和质量标准指导工作； 3）能编制砌体结构季节性施工措施及要求
		（3）模板工程施工设计	1）能进行常见模板拼板设计； 2）能指导安装及拆除模板； 3）能进行模板施工质量验收及控制； 4）能编制模板施工安全措施
		（4）钢筋工程施工技术应用	1）能进行钢筋下料计算及钢筋配料单编制； 2）能指导钢筋加工； 3）能编制钢筋工程施工专项方案，进行施工技术交底
		（5）混凝土工程施工技术应用	1）能计算混凝土施工配合比； 2）能按照施工工艺标准及质量要求工作； 3）能编制常见质量通病防治措施及处理方案
		（6）防水工程施工技术应用	1）能掌握防水材料性能及质量标准； 2）能按照屋面防水工程施工工艺及质量标准工作； 3）能按照地下防水工程施工工艺及质量标准工作； 4）能按照卫生间防水工程施工工艺及质量标准工作
	选修技能单元	（1）预应力工程施工技术应用	1）能进行先张法预应力施工； 2）能进行后张法预应力施工； 3）能进行无粘结预应力施工
		（2）结构安装工程施工技术应用	1）能进行结构安装工程施工准备的各项工作； 2）能按照结构安装工程施工程序及施工工艺工作； 3）能选用常用起重设备
		（3）钢结构施工管理	1）能指导加工制作钢结构构件； 2）能进行钢结构安装测量放线与钢结构的拼装
		（4）装饰施工技术应用	1）能判别一般饰面材料性能及质量； 2）能按照工艺及质量要求工作

续表

技能领域	技能单元		技能点
8. 建筑工程计量与计价能力	核心技能单元	(1) 预算定额的应用	1) 能应用土建预算定额； 2) 能编制一般的装饰预算
		(2) 工程量计算	1) 能计算土建工程量； 2) 能计算一般装饰工程量
		(3) 工程量清单计价	1) 能运用清单计价方法和程序； 2) 能进行投标报价
	选修技能单元	(1) 预算软件应用	1) 能熟练使用计算机； 2) 能运用常用计算软件
		(2) 竣工结算和决算	1) 能进行竣工结算； 2) 能进行竣工决算
9. 施工管理能力	核心技能单元	(1) 工程质量检验	1) 能确定检验批； 2) 能进行分项工程检验； 3) 能进行分部工程检验； 4) 能进行单位工程检验
		(2) 编制工程质量检验文件	1) 能编制分项工程检验文件； 2) 能编制分部工程检验文件； 3) 能编制单位工程检验文件； 4) 能编制项目质量管理的规章制度
		(3) 施工质量控制	1) 能进行施工质量控制； 2) 能进行施工质量控制资料核查
		(4) 安全生产管理	1) 能参与编制项目安全生产管理计划和应急预案； 2) 能对施工机械、临时用电及劳保用品进行安全符合性判断； 3) 能编制专项方案并实施； 4) 能识别危险源并进行安全交底； 5) 能参与安全事故处理和救援； 6) 能整理安全管理资料
		(5) 编制施工资料	1) 能编制工程施工技术管理资料； 2) 能编制和整理工程质量控制资料； 3) 能编制主体工程安全和功能检验资料； 4) 能编制资料计划，进行资料管理
		(6) 使用计算机编制和管理资料	1) 能使用资料编制专用软件； 2) 能应用档案管理软件
		(7) 施工组织设计编制	1) 能编制施工方案； 2) 能编制施工进度计划； 3) 能绘制施工现场平面布置图

续表

技能领域	技能单元		技能点
9. 施工管理能力	选修技能单元	(1) 常见施工质量通病的处理	1) 能处理地基与基础工程质量通病； 2) 能处理主体工程质量通病； 3) 能处理一般装饰工程质量通病 4) 能处理屋面及防水工程质量通病
		(2) 整理和收集质量检验资料	1) 能收集质量检验资料； 2) 能分类、整理、保管和移交质量检验资料
		(3) 文明绿色施工和职业健康	1) 能编制工作方案； 2) 能组织实施并评价
		(4) 编写监理资料	1) 能编制监理管理资料； 2) 能编制进度控制资料； 3) 能编制质量控制资料； 4) 能编写投资控制资料
		(5) 编制与整理工程准备与验收文件	1) 能整理开工审批文件； 2) 能整理工程质量监督资料； 3) 能整理和编制工程竣工验收文件
10. 主要工种操作能力	核心技能单元	(1) 砌筑工操作	1) 能正确使用常用机具和工具； 2) 能按工艺过程进行操作； 3) 能对成品评定验收
		(2) 模板工操作	1) 能正确使用常用机具和工具； 2) 能按工艺过程进行操作； 3) 能对成品评定验收
	选修技能单元	(1) 抹灰工、防水工操作	1) 能正确使用常用机具和工具； 2) 能按工艺过程进行操作； 3) 能对成品评定验收
		(2) 钢筋工、架子工及混凝土工操作	1) 能正确使用常用机具和工具； 2) 能按工艺过程进行操作； 3) 能对成品评定验收

2. 核心知识单元、技能单元教学要求

投影基本知识单元教学要求　　表 5

单元名称	投影基本知识	最低学时	30 学时
教学目标	1. 熟练掌握投影的分类、正投影、三面投影体系的建立及图线的分类和运用知识； 2. 熟练掌握点、线、面的三面投影及基本形体和组合体的三面投影知识； 3. 掌握投影的基本规则		
教学内容	1. 投影的分类、正投影和三面投影体系的建立及相互关系的知识； 2. 图线的分类和运用； 3. 点、线、面的三面投影知识； 4. 常见基本形体和组合体的三面投影知识		

续表

单元名称	投影基本知识	最低学时	30学时
教学方法建议	采用课堂讲授的教学模式，利用由浅至深的教学过程逐步建立投影及空间能力，利用多媒体、模型等辅助手段，应注重课程练习及训练对教学的支撑作用		
考核评价要求	通过循序渐进的作业和训练，培养学生对投影及投影体系的认知，运用从简至繁的评价过程，检验学生对点、线、面、体投影知识的掌握程度，把面和体作为考核的重点。应尽量利用建筑及建筑构件作为投影训练的形体载体。 宜结合平时作业完成情况及质量给出评价成绩		

识读土建专业施工图知识单元教学要求 表6

单元名称	识读土建专业施工图	最低学时	10学时
教学目标	1. 熟练掌握常用的制图标准； 2. 熟练掌握土建专业工程图常见的图例和符号； 3. 掌握土建专业施工图设计的基本程序、工程图的分类和任务； 4. 熟练掌握识图的基本程序和方法		
教学内容	1. 主要的制图标准：《房屋建筑制图统一标准》、《建筑制图标准》、《建筑结构制图标准》及《总图制图标准》； 2. 平法识图的有关标准； 3. 土建专业工程图常见的图例和符号； 4. 土建专业工程图设计过程、专业分工、组成和基本任务； 5. 识图的基本程序和方法		
教学方法建议	宜采用课堂讲授、多媒体、现场参观、实测等多种教学方式，通过不同深度的真实工程案例图纸来传授有关的识图知识		
考核评价要求	注重对学生在实践中分析问题、解决问题能力的考核，对在学习和应用上有创新的学生应予特别鼓励，全面综合评价学生职业行动能力。采用知识评价、过程评价和结果评价。 在条件许可时，可以采用学生分组、综合评价的方法		

绘制土建专业施工图基本知识单元教学要求 表7

单元名称	绘制土建专业施工图	最低学时	10学时
教学目标	1. 熟练掌握常用绘图工具及绘图基本规定； 2. 了解工程图在工程建设中的作用和土建专业施工图构成的知识； 3. 通过学习使学生掌握绘图的基本知识和规定		
教学内容	1. 常用绘图工具的使用； 2. 图线、图例和比例的应用； 3. 建筑专业工程图在工程建设中的作用； 4. 土建专业施工图的构成		
教学方法建议	宜采用课堂讲授的教学方式，通过不同深度的真实工程案例图纸来传授有关的识图知识，也可以借助多媒体、现场参观、实测等多种辅助教学手段		
考核评价要求	注重对学生在实践中分析问题、解决问题能力的考核，可以利用实际的工程图纸作为考核的载体，并注意与相关课程内容有序衔接 在条件许可时，可以采用学生分组、综合评价的方法		

建筑材料的性能和应用知识单元教学要求 表 8

单元名称	建筑材料的性能和应用	最低学时	20 学时
教学目标	1. 熟练掌握建筑材料的基本性质及相关国家或行业标准； 2. 了解掌握常用建筑材料检测的知识； 3. 掌握建筑材料保管的相关知识		
教学内容	1. 建筑材料的基本性质，常用建筑材料的主要技术性能、用途 、质量标准； 2. 国家或行业标准对建筑材料的技术要求； 3. 建筑材料检测的取样方法、检测步骤、检测数据处理及结果分析； 4. 主要建筑材料的保管方法		
教学方法建议	建议采用基本知识结合多媒体课堂讲授，同时参观校内外实训基地并结合工程案例进行教学		
考核评价要求	注重对学生在实践中分析问题、解决问题能力的考核，对在学习和应用上有创新的学生应予特别鼓励，全面综合评价学生职业行动能力。宜采用知识、过程和结果综合评价的方法		

建筑构造的基本概念知识单元教学要求 表 9

单元名称	建筑构造的基本概念	最低学时	10 学时
教学目标	1. 掌握建筑构造作用、基本工作原理和技术措施； 2. 了解建筑的分类以及与构造的关系； 3. 掌握建筑材料及构件耐火极限、材料的燃烧性能划分、防火等级方面的知识； 4. 通过学习使学生对建筑构造的基本特性有清晰的认知		
教学内容	1. 建筑构造与建筑使用的关系和要求； 2. 建筑构造的基本工作原理和技术措施； 3. 建筑的分类以及与构造的关系； 4. 建筑材料及构件耐火极限、材料的燃烧性能划分； 5. 建筑防火等级以及与构造的关系		
教学方法建议	宜采用课堂讲授的教学方式，通过多媒体、图片、现场参观等多种辅助教学手段使学生建立基本的构造概念，并对建筑整体状况有基本的了解		
考核评价要求	宜采用客观题的方式对学生进行考核		

民用建筑构造知识单元教学要求 表 10

单元名称	民用建筑构造	最低学时	30 学时
教学目标	1. 熟练掌握建筑的构造组成； 2. 熟练掌握民用建筑的常见构造； 3. 通过学习使学生对民用建筑的典型构造有清晰的认知		
教学内容	1. 建筑的构造组成； 2. 墙体、楼梯和屋顶的构造； 3. 楼板、门窗和变形缝的构造； 4. 基础、一般的装饰构造		

续表

单元名称	民用建筑构造	最低学时	30学时
教学方法建议	宜采用课堂讲授的教学方式，通过多媒体、图片、构造模型、现场参观等多种辅助教学手段，使学生掌握必要的典型构造做法，并对其工作原理有所了解		
考核评价要求	通过循序渐进的教学手段，培养学生对常见构造的认知，把主体构造作为考核的重点，宜结合平时作业完成情况及质量给出评价成绩		

建筑结构的受力分析和内力计算知识单元教学要求 **表11**

单元名称	建筑结构的受力分析和内力计算	最低学时	50学时
教学目标	1. 了解各种常用的结构体系、结构构件计算简图以及结构体系的几何分析方法； 2. 掌握荷载分类和计算方法； 3. 掌握静力学的基本知识，力的合成、分解及未知力的求解； 4. 掌握常用构件及结构的内力、应力计算及内力图的绘制方法		
教学内容	1. 常用的结构体系，常用结构构件计算简图的确定方法，结构体系的几何分析； 2. 荷载的分类，常用结构和构件的荷载计算方法； 3. 静力学的基本知识，力的合成、分解及未知力的求解； 4. 常用构件的内力、应力计算方法及内力图的绘制； 5. 常用结构的内力、位移计算方法及内力图的绘制		
教学方法建议	宜采用任务驱动的教学方法，并结合课堂讲授、现场参观、多媒体等多种教学手段。通过对常用结构构件简图确定、荷载计算、内力计算、内力图绘制等一系列任务的完成，使知识学习和任务演练相融合，加深学生对知识的理解和掌握		
考核评价要求	建议采用过程评价和终结性评价相结合。过程评价可由小组评价、学生自评互评、教师评价等内容组成，考核学生每个任务的完成情况。终结性评价可由知识考核、综合考核组成		

砌体结构房屋初步设计知识单元教学要求 **表12**

单元名称	砌体结构房屋初步设计	最低学时	20学时
教学目标	1. 掌握砌体结构材料的应用和选择，了解一般的计算方法； 2. 掌握砌体结构的构造要求和主要构件的设计方法； 3. 掌握砖和毛石基础的构造要求和设计方法		
教学内容	1. 砌体结构材料的选择要求； 2. 房屋的静力计算规定，多层刚性方案房屋的墙体高厚比计算和承载力计算方法； 3. 砌体结构的构造要求，圈梁、过梁、挑梁的设计方法； 4. 砖和毛石基础的构造要求和设计方法； 5.《砌体结构设计规范》的相关内容		
教学方法建议	建议以多层砌体结构房屋设计为案例开展课堂教学，教学中配合采用课堂讲授、小组合作学习、学习成果汇报、现场参观、多媒体等多种教学方法		
考核评价要求	建议采用过程评价和终结性评价相结合。过程评价可由小组评价、学生自评互评、教师评价等内容组成。终结性评价可由知识考核、综合考核组成。注重对学生分析问题、解决问题能力的考核，全面综合评价学生职业行动能力		

混凝土结构房屋的初步设计知识单元教学要求 表 13

单元名称	混凝土结构房屋的初步设计	最低学时	40 学时
教学目标	1. 掌握混凝土结构材料选择的知识，了解构件的截面选择与配筋计算方法； 2. 掌握受弯构件的裂缝与变形验算方法； 3. 掌握混凝土结构的构造规定和结构构件的基本规定； 4. 掌握钢筋混凝土扩展基础的构造要求和设计方法		
教学内容	1. 混凝土结构材料的选择要求； 2. 混凝土结构设计的基本规定、基本构件的截面选择与配筋计算方法； 3. 受弯构件的裂缝与变形验算方法； 4. 混凝土结构的构造规定和结构构件的基本规定； 5. 钢筋混凝土扩展基础的构造要求和设计方法； 6.《混凝土结构设计规范》的相关内容		
教学方法建议	建议以多层砌体或框架结构房屋设计为案例开展课堂教学，教学中配合采用课堂讲授、小组合作学习、学习成果汇报、现场参观、多媒体等多种教学方法		
考核评价要求	建议采用过程评价和终结性评价相结合。过程评价可由小组评价、学生自评互评、教师评价、设计成果评价等内容组成。终结性评价可由知识考核、综合考核组成。注重对学生分析问题、解决问题能力的考核，全面综合评价学生职业行动能力		

水准仪、水准标尺的构造原理、用途和使用知识单元教学要求 表 14

单元名称	水准仪、水准标尺的构造原理、用途和使用	最低学时	5 学时
教学目标	1. 了解水准仪、水准标尺构造及操作的知识； 2. 掌握水准测量原理和测量方法的知识； 3. 熟练掌握已知高程测设及抄平测量方法的知识； 4. 了解方格网法场地平整测量		
教学内容	1. 水准仪、水准标尺构造及操作程序； 2. 水准测量原理和测量方法； 3. 已知高程测设方法； 4. 抄平测量工作方法； 5. 方格网法场地平整测量		
教学方法建议	以课堂讲授和仪器展示为主。对水准仪构造操作内容主要结合多媒体、图片展示、仪器演示等多种教学方式组织教学；其他内容还可以结合案例教学、习题演练方式组织教学		
考核评价要求	建议采用过程考评与期末考评相结合。强调过程考评的重要性，过程考核主要由学生自评、教师评价组成		

经纬仪的构造、用途和使用知识单元教学要求 表 15

单元名称	经纬仪的构造、用途和使用	最低学时	5 学时
教学目标	1. 了解经纬仪构造及操作的知识； 2. 熟练掌握运用经纬仪测设角度及方位的知识； 3. 了解建筑物倾斜、位移观测的知识		

续表

单元名称	经纬仪的构造、用途和使用	最低学时	5学时
教学内容	1. 经纬仪的构造； 2. 经纬仪操作程序； 3. 水平角、竖直角的观测； 4. 平面点位的测设； 5. 设计水平角的测设； 6. 建筑物倾斜、位移观测		
教学方法建议	以课堂讲授和仪器展示为主。对经纬仪构造操作方面主要结合多媒体、图片展示、仪器演示等多种教学方式组织教学；角度测设等内容还可以结合案例教学、习题演练方式组织教学		
考核评价要求	建议采用过程考评与期末考评相结合。强调过程考评的重要性，过程考核主要由学生自评、教师评价组成		

计算机操作和应用知识单元教学要求 表16

单元名称	计算机操作和应用	最低学时	5学时
教学目标	1. 熟练掌握计算机基本操作的知识； 2. 了解计算机硬件基本构成及简单维护的知识； 3. 掌握常用软件的安装与卸载的基本知识		
教学内容	1. 计算机的基本操作； 2. 计算机硬件基本构成； 3. 计算机的简单维护； 4. 常用软件的安装与卸载		
教学方法建议	以课堂讲授为主。结合多媒体、图片展示、仪器演示等多种教学方式组织教学		
考核评价要求	建议采用过程考评与期末考评相结合。强调过程考评的重要性，过程考核主要由学生自评、教师评价组成		

常用办公软件应用知识单元教学要求 表17

单元名称	常用办公软件应用	最低学时	10学时
教学目标	1. 熟练掌握Word、Excel的功能和应用知识； 2. 掌握PowerPoint的基本功能，了解其他办公软件的功能		
教学内容	1. Word的功能及使用； 2. Excel的功能及使用； 3. PowerPoint的基本功能及使用		
教学方法建议	以课堂讲授为主。结合多媒体、图片展示、演示、案例教学、习题演练等多种教学方式组织教学		
考核评价要求	建议采用过程考评与期末考评相结合。强调过程考评的重要性，过程考核主要由学生自评、教师评价组成		

主要专业绘图软件应用知识单元教学要求 表18

单元名称	主要专业绘图软件应用	最低学时	10学时
教学目标	1. 熟悉绘图软件的操作基础及文件管理命令； 2. 熟练掌握常用图形绘制、编辑、文字及尺寸标注命令的知识； 3. 了解图形的输出打印的知识		
教学内容	1. 绘图软件的操作基础及文件管理命令； 2. 常用图形的绘制、编辑命令； 3. 文字标注、尺寸标注命令； 4. 常用图形绘图参数设置； 5. 图形的输出打印		
教学方法建议	以课堂讲授为主。结合多媒体、图片展示、演示、案例教学、习题演练等多种教学方式组织教学		
考核评价要求	建议采用过程考评与期末考评相结合。强调过程考评的重要性，过程考核主要由学生自评教师评价组成		

地基与基础工程施工知识单元教学要求 表19

单元名称	地基与基础工程施工	最低学时	10学时
教学目标	1. 掌握土的物理及力学性质，应力和变形计算的知识； 2. 熟练掌握常见基础施工工艺知识； 3. 掌握常用地基处理技术及应用条件		
教学内容	1. 土的物理性质、分类、计算参数及应用； 2. 土的力学性能，应力和变形计算； 3. 常见基础施工工艺； 4. 常用地基处理技术及应用条件； 5. 深基坑支护、降水技术		
教学方法建议	宜采用课堂讲授、多媒体、现场参观、车间实训等多种教学方式		
考核评价要求	重点考核学生对于知识点的理解，并对施工现场的问题能提出解决方法和具体实施方案，对于实施结果进行检验		

砌体结构工程施工知识单元教学要求 表20

单元名称	砌体结构工程施工	最低学时	15学时
教学目标	1. 掌握砌墙材料技术指标及墙体强度和稳定验算的知识； 2. 熟练掌握主要构件的设置要求、强度及稳定验算、施工过程与技术要求； 3. 熟练掌握砌体工程施工工艺知识		
教学内容	1. 砌块、砂浆技术指标及质量检测； 2. 墙体强度和稳定验算； 3. 圈梁、构造柱的作用和设置要求、施工过程与技术要求等； 4. 过梁的强度验算和挑梁的强度及稳定验算； 5. 砌体工程施工工艺		

续表

单元名称	砌体结构工程施工	最低学时	15学时
教学方法建议	宜采用课堂讲授、多媒体、现场参观、车间实训等多种教学方式		
考核评价要求	重点考核学生对于知识点的理解，并对施工现场的问题能提出解决方法和具体实施方案，对于实施结果能够进行检验		

混凝土结构工程施工知识单元教学要求 表21

单元名称	混凝土结构工程施工	最低学时	20学时
教学目标	1. 掌握模板设计和模板安装的知识； 2. 熟练掌握钢筋混凝土的设计、制作知识		
教学内容	1. 模板设计和模板安装要求； 2. 钢筋的加工与绑扎、安装； 3. 混凝土组成材料性质、配合比设计及运输、浇筑、振捣及养护方式		
教学方法建议	宜采用课堂讲授、多媒体、现场参观、车间实训等多种教学方式		
考核评价要求	重点考核学生对于知识点的理解，并对施工现场的问题能提出解决方法和具体实施方案，对于实施结果能够进行检验		

屋面与防水工程施工知识单元教学要求 表22

单元名称	屋面与防水工程施工	最低学时	10学时
教学目标	1. 熟练掌握屋面常见防水材料的种类、性能及防水、排水施工工艺知识； 2. 掌握卫生间的防水、排水施工工艺知识； 3. 熟练掌握地下室防水、防潮施工工艺知识		
教学内容	1. 防水材料的种类、性能及使用； 2. 常见屋面防水、排水施工工艺； 3. 常见卫生间的防水、排水施工； 4. 地下室防水、防潮施工		
教学方法建议	宜采用课堂讲授、多媒体、现场参观、车间实训等多种教学方式		
考核评价要求	重点考核学生对于知识点的理解，并对施工现场的问题能提出解决方法和具体实施方案，对于实施结果能够进行检验		

工程造价应用知识单元教学要求 表23

单元名称	工程造价应用	最低学时	10学时
教学目标	1. 熟悉预算定额的有关知识； 2. 掌握工程消耗量定额的应用知识		
教学内容	1. 预算定额的概念及分类； 2. 工程消耗量定额的组成与应用		
教学方法建议	宜采用课堂讲授、多媒体等多种教学方式，通过不同深度的真实工程案例来传授有关的定额知识		
考核评价要求	注重对学生在实践中分析问题、解决问题能力的考核。对在学习和应用上有创新的学生应予特别鼓励，全面综合评价学生职业行动能力。采用知识、过程和结果综合评价的方法 在条件许可时，宜采用学生分组、综合评价的方法		

工程量计算知识单元教学要求 表 24

单元名称	工程量计算	最低学时	20 学时
教学目标	1. 熟悉工程量计算的基本原理； 2. 熟练掌握建筑工程工程量计算知识； 3. 掌握装饰工程工程量计算知识		
教学内容	1. 工程量计算的基本原理； 2. 建筑面积计算规则； 3. 建筑工程工程量的计算； 4. 一般装饰工程工程量的计算		
教学方法建议	宜采用课堂讲授、多媒体等多种教学方式，通过不同类型的真实工程案例来传授有关的工程量计算的知识		
考核评价要求	注重对学生在实践中分析问题、解决问题能力的考核。对在学习和应用上有创新的学生应予特别鼓励，全面综合评价学生职业行动能力。采用知识、过程和结果综合评价的方法 在条件许可时，宜采用学生分组、综合评价的方法		

工程量清单与定额计价知识单元教学要求 表 25

单元名称	工程量清单与定额计价	最低学时	20 学时
教学目标	1. 掌握工程量清单与定额计价的知识； 2. 掌握投标报价的编制知识		
教学内容	1. 工程量清单计价的方法和程序； 2. 定额计价的方法和程序； 3. 投标报价的编制		
教学方法建议	宜采用课堂讲授、多媒体等多种教学方式，通过不同类型的真实工程案例来传授工程量清单计价的知识		
考核评价要求	注重对学生在实践中分析问题、解决问题能力的考核。对在学习和应用上有创新的学生应予特别鼓励，全面综合评价学生职业行动能力。采用知识、过程和结果综合评价的方法 在条件许可时，宜采用学生分组、综合评价的方法		

工程质量检验知识单元教学要求 表 26

单元名称	工程质量检验	最低学时	20 学时
教学目标	1. 熟练掌握地基与基础及主体结构工程验收知识； 2. 掌握一般建筑装饰工程及建筑屋面工程检验知识		
教学内容	1. 地基与基础工程检验； 2. 主体结构工程验收； 3. 一般建筑装饰工程验收； 4. 建筑屋面工程检验		

续表

单元名称	工程质量检验	最低学时	20学时
教学方法建议	宜采用课堂讲授、多媒体演示、现场参观与车间实训相结合的方法		
考核评价要求	学生能应用相关的理论知识判别主体和一般装饰工程的质量问题，并提出有依据的解决方案		

工程质量检验文件编制知识单元教学要求 表27

单元名称	工程质量检验文件编制	最低学时	5学时
教学目标	1. 熟练掌握检验批、分项工程检验文件编制知识； 2. 熟练掌握分部工程和单位工程检验文件编制知识； 3. 掌握质量管理主要规章制度编制知识		
教学内容	1. 检验批、分项工程检验文件编制要求； 2. 分部工程检验文件编制要求； 3. 单位工程检验文件编制要求； 4. 各项质量管理的规章制度编制要求		
教学方法建议	宜采用课堂讲授与现场实训相结合的方法		
考核评价要求	学生能够合理运用相关的理论知识，领会检验文件的构成和填写原则。通过编制相应的技术文件进行考核		

质量控制知识单元教学要求 表28

单元名称	质量控制	最低学时	5学时
教学目标	1. 掌握工序质量控制的相关知识； 2. 熟练掌握控制各种影响质量因素的知识		
教学内容	1. 工序质量控制措施； 2. 各种影响质量因素的控制措施		
教学方法建议	宜采用课堂讲授、多媒体、现场参观等多种教学方式		
考核评价要求	学生能在相关理论知识的引领下发现质量问题，并对产生的原因具有明确的认识，制定有依据的控制方案		

安全生产管理知识单元教学要求 表29

单元名称	安全生产管理	最低学时	10学时
教学目标	1. 掌握安全生产责任制，管理机构的设置和职责； 2. 熟练掌握施工现场安全管理规章制度； 3. 掌握事故的防范、救援和处理措施的知识		
教学内容	1. 安全生产责任制； 2. 安全生产管理机构； 3. 施工现场安全管理各种要求； 4. 事故的防范、救援和处理措施		
教学方法建议	宜采用课堂讲授、多媒体演示与案例教学相结合的方法		
考核评价要求	学生能够应用理论知识编写安全方案、掌握安全技术交底的要素和程序，参与预防安全事故预案的编制		

工程资料管理知识单元教学要求 **表30**

单元名称	工程资料管理	最低学时	20学时
教学目标	1. 熟练掌握编制与整理工程资料的知识； 2. 熟练掌握编制与整理工程竣工验收文件的知识； 3. 熟练掌握资料归档、保管、移交的知识		
教学内容	1. 工程质量、安全、进度、监理等资料的编制与整理； 2. 工程竣工验收文件的编制与整理； 3. 资料归档、保管、移交		
教学方法建议	宜采用课堂讲授与案例教学相结合的方法		
考核评价要求	引导学生深刻理解知识点，认识工程资料在施工过程中和今后管理工作方面的重要作用，掌握有关的专业知识。采用过程评价和结果评价相结合的评价方式，评价要素宜与工程实际相结合		

编制施工组织设计知识单元教学要求 **表31**

单元名称	编制施工组织设计	最低学时	15学时
教学目标	1. 掌握施工方案的编制原理和施工进度计划编制的知识； 2. 掌握施工现场平面布置图绘制的知识		
教学内容	1. 施工方案的编制原理； 2. 施工进度计划的编制； 3. 施工现场平面布置图的绘制		
教学方法建议	宜采用课堂讲授、多媒体、现场参观等多种教学方式，通过不同深度的真实工程案例来传授有关的编制知识		
考核评价要求	注重对学生在实践中分析问题、解决问题能力的考核，对在学习和应用上有创新的学生应予特别鼓励，全面综合评价学生职业行动能力 宜采用知识、过程和结果综合评价的方法。在条件许可时，可以采用学生分组、综合评价的方法		

砌筑工工艺及操作知识单元教学要求 **表32**

单元名称	砌筑工工艺及操作	最低学时	10学时
教学目标	1. 熟练掌握基本操作工艺和质量标准的知识； 2. 了解常用施工机具和工具的使用及施工安全标准的知识； 3. 掌握质量评定验收的知识		
教学内容	1. 基本操作工艺流程； 2. 质量标准； 3. 施工安全标准； 4. 常用施工机具和工具； 5. 质量评定验收		
教学方法建议	宜采用课堂讲授、实物展示和演示相结合的方法		
考核评价要求	学生能熟练应用相关知识，对工艺操作过程和质量具有清晰的认识，掌握规范化、标准化的工艺知识 宜采用学生分组，过程和结果相结合的评价方式		

模板工工艺及操作知识单元教学要求 表 33

单元名称	模板工工艺及操作	最低学时	10 学时
教学目标	1. 熟练掌握基本操作的工艺流程和质量标准的知识； 2. 了解施工安全标准的知识； 3. 熟练掌握常用施工机具和工具的使用知识； 4. 掌握质量评定验收规定		
教学内容	1. 基本操作的工艺流程； 2. 模板工程质量标准； 3. 施工安全标准； 4. 常用施工机具和工具； 5. 质量评定验收		
教学方法建议	宜采用课堂讲授、实物展示和演示相结合的方法		
考核评价要求	学生能熟练应用相关知识，对工艺操作过程和质量具有清晰的认识，掌握规范化，标准化的工艺知识 宜采用学生分组，过程和结果相结合的评价方式		

识读土建专业施工图技能单元教学要求 表 34

单元名称	识读土建专业施工图	最低学时	20 学时
教学目标	专业能力： 1. 能识读建筑总平面图、平面图、立面图、剖面图及节点详图； 2. 能识读结构平面布置图及结构详图； 3. 能阅读并正确领会建筑、结构设计总说明； 4. 能阅读并应用地质报告、概算、设计变更等其他设计文件； 5. 能准确引用标准图集。 方法能力： 1. 能主动关注、学习新事物； 2. 能不断获取新的技能与知识，将学习到的知识在学习中有机的迁移和应用； 3. 能对复杂和相互关联的事物进行合理的分析，并能妥善处理 社会能力： 1. 具有专业间相互配合协调的基本意识； 2. 能有团结协作、求真务实、科学严谨的工作态度，独立开展工作； 3. 能自觉用良好的职业道德修养和高度的社会责任感开展和指导工作		
教学内容	1. 识读建筑专业施工图、设计说明及其他文本文件； 2. 识读结构专业施工图、设计说明及其他文本文件； 3. 阅读地质报告、概算、设计变更文件； 4. 标准图集的阅读和引用		
教学方法建议	宜借助一套实际的建筑工程施工图来实施教学，教学载体要有完整性、真实性和准确性，应当符合现行的规范和规程，在不同的学习阶段完成不同的识图任务		
教学场所要求	在专用教室或校内实训基地进行		
考核评价要求	通过实际训练，引导学生建立认真、细致的识图意识，掌握基本的识图程序和方法。教师应对提供的图纸内容完整掌握，可以通过设置缺陷、错误让学生查判。宜采用学生互评、教师质疑、学生答辩的方式进行考核 可以把学生分为小组，集体看图，给出团队成绩		

绘制土建专业施工图技能单元教学要求 表 35

单元名称	绘制土建专业施工图	最低学时	10学时
教学目标	专业能力： 1. 能熟练绘制一般难度的建筑平面图、立面图、剖面图和节点详图； 2. 能绘制常见的结构及构件施工图； 3. 能根据工程实际拟定和编制设计变更洽商文件 方法能力： 1. 能主动关注、学习新事物； 2. 能不断获取新的技能与知识、将学习到的知识在学习中有机的迁移和应用； 3. 能准确，及时和有效的传递工程信息 社会能力： 1. 具有专业间相互配合协调的基本意识； 2. 能有团结协作、求真务实、科学严谨的工作态度和独立工作； 3. 能自觉用良好的职业道德修养和高度的社会责任感开展和指导工作		
教学内容	1. 绘制一般难度的建筑平面图、立面图、剖面图和节点详图； 2. 绘制常见的结构及构件施工图； 3. 拟定和编制设计变更洽商文件		
教学方法建议	主要借助给定的建筑设计方案图及结构布置图进行细化，补绘指定的部位。注意引导学生使用标准图集，在不同的学习阶段完成不同深度的绘图任务		
教学场所要求	在专用教室进行		
考核评价要求	以实际施工图深度及要求为评价标准，建议采用绘图质量、图面信息准确度及对成果质疑的综合评价方法		

主要建筑材料性能检测技能单元教学要求 表 36

单元名称	主要建筑材料性能检测	最低学时	30学时
教学目标	专业能力： 1. 能判别常用建筑材料的质量等级； 2. 能检测常用建筑材料的技术性质； 3. 能确认常用建筑材料的规格指标； 4. 能熟练使用检测仪器 方法能力： 1. 能够综合运用各种检测手段确定材料的各项指标； 2. 通过训练，使学生从掌握知识向提高能力方向进行过渡，将分散的理论知识通过项目任务进行整合，从简单到复杂，逐步提高学生的岗位技能 社会能力： 1. 具有良好的职业道德、团队合作和高度的社会责任感； 2. 善于进行协调沟通，处理与工作相关的各项事务		
教学内容	1. 常用建筑材料的质量等级； 2. 常用建筑材料的技术性质和规格指标		
教学方法建议	检测的程序方法及标准宜按照相关的技术规程实施		
教学场所要求	在校内实训基地完成		
考核评价要求	宜采用分组评价和组内成员单独评价相结合，知识评价、过程评价和结果评价相结合的方法。全面综合评价学生职业素养和行动能力		

主要建筑材料应用技能单元教学要求　　表 37

单元名称	主要建筑材料应用	最低学时	20 学时
教学目标	专业能力： 1. 能正确运用和执行标准； 2. 能按照规定的方法和要求正确选择和应用材料； 3. 能对主要建筑材料的技术指标进行检测和部分材料的进场二次复试； 4. 能根据专业验收规范的规定进行检验批的检验，正确填写验收表格 方法能力： 1. 能够准确地评价建筑材料，并在施工中合理的应用； 2. 具有对所学的专业知识进行综合利用能力； 3. 具有技能和态度有机综合的能力 社会能力： 1. 具有良好的职业道德、团队合作和高度的社会责任感； 2. 善于进行协调沟通		
教学内容	1. 有关的材料标准； 2. 材料的应用； 3. 检测仪器应用，主要建筑材料的技术指标进行检测和部分材料的进场二次复试； 4. 专业验收规范的应用，检验批的检验方法和填写验收表格		
教学方法建议	检测部分按照施工现场相关岗位设计成项目任务完成。宜设置 1～2 个任务，到实训基地、建材市场或施工现场实地考察完成材料判别、选用能力的培养		
教学场所要求	在校内实训基地完成		
考核评价要求	宜采用分组评价和组内成员单独评价相结合，知识评价、过程评价和结果评价相结合的方法。全面综合评价学生职业素养和行动能力		

墙体、楼板和楼梯构造的选择和应用技能单元教学要求　　表 38

单元名称	墙体、楼板和楼梯构造的选择和应用	最低学时	10 学时
教学目标	专业能力： 1. 能选择砌体墙的圈梁、过梁以及窗台、散水、勒脚的构造； 2. 能选择现浇钢筋混凝土楼板构造，会处理的构造问题； 3. 能合理应用钢筋混凝土楼梯的踏步、栏杆和扶手以及净空要求的构造，会处理常见坡道的构造问题 方法能力： 1. 能主动关注、学习新事物； 2. 能运用所学知识和典型构造来延伸、迁移构造做法，合理的应用新构造； 3. 具有因地制宜解决构造问题的意识和方法 社会能力： 1. 具有专业间相互配合协调的基本意识； 2. 具有团结协作、求真务实、科学严谨的工作态度和独立工作能力； 3. 能自觉用良好的职业道德修养和高度的社会责任感开展和指导工作		

续表

单元名称	墙体、楼板和楼梯构造的选择和应用	最低学时	10学时
教学内容	1. 砌体墙的圈梁、过梁以及窗台、散水、勒脚的构造； 2. 现浇钢筋混凝土楼板构造； 3. 钢筋混凝土楼梯的构造，常见坡道的构造		
教学方法建议	主要通过对典型构造的剖析来实施课程训练，注意引导学生使用标准图集，在完成典型构造选用的基础上，对少数重点构造进行设计和实施		
教学场所要求	在校内实训基地进行		
考核评价要求	宜通过图纸或构造实体的设计、制作进行评价； 宜采用小组评价的方式，并注重对策划、实施和效果的阶段性评价		

防潮和防水构造的选择和应用技能单元教学要求 **表39**

单元名称	防潮和防水构造的选择和应用	最低学时	10学时
教学目标	专业能力： 1. 能合理选择墙身防潮层并实施，会处理特殊部位的防潮构造问题； 2. 能处理地下室防潮构造； 3. 能选择首层室内地面的防潮构造； 4. 能处理地下室和楼地面防水构造； 5. 能合理选择屋面防水构造并实施； 6. 能处理屋面排水系统的构造问题 方法能力： 1. 能主动关注、学习新事物，掌握处理隐蔽工程的基本方法； 2. 能运用所学知识和典型构造来延伸、迁移构造做法，合理地应用新构造； 3. 具有因地制宜解决构造问题的意识和方法 社会能力： 1. 具有专业间相互配合协调的基本意识； 2. 具有团结协作、求真务实、科学严谨的工作态度和独立工作能力； 3. 能自觉用良好的职业道德修养和高度的社会责任感开展和指导工作		
教学内容	1. 墙身防潮层构造，特殊部位的防潮构造； 2. 地下室防潮构造，首层室内地面的防潮构造； 3. 地下室和楼地面防水构造； 4. 屋面防水构造，屋面排水系统的构造问题		
教学方法建议	主要通过对典型构造的剖析来实施课程训练，有条件的院校可以借助多媒体手段演示构造的工作形态，注意引导学生使用标准图集，在完成典型构造选用的基础上，对少数重点构造进行设计和实施		
教学场所要求	在校内实训基地进行		
考核评价要求	宜通过图纸或构造实体的制作进行评价。 必要时可以采用小组评价的方式，并注重对策划、实施和效果的阶段性评价		

保温、隔热和节能构造的选择和应用技能单元教学要求　　表 40

单元名称	保温、隔热和节能构造的选择和应用	最低学时	10 学时
教学目标	专业能力： 1. 能选择和应用常见的屋面保温构造； 2. 能处理建筑局部保温构造； 3. 能选择和应用常见的屋面隔热构造； 4. 能处理屋面、墙体等部位的节能构造 方法能力： 1. 能主动关注、学习新事物； 2. 能运用所学知识和典型构造来延伸构造做法，合理地应用新构造； 3. 具有因地制宜解决构造问题的意识和方法 社会能力： 1. 具有专业间相互配合协调的基本意识； 2. 具有团结协作、求真务实、科学严谨的工作态度和独立工作能力； 3. 能自觉用良好的职业道德修养和高度的社会责任感开展和指导工作		
教学内容	1. 常见的屋面保温构造； 2. 建筑局部保温构造； 3. 常见的屋面隔热构造； 4. 屋面、墙体等部位的节能构造		
教学方法建议	主要通过对典型构造的剖析来实施课程训练，有条件的院校可以借助多媒体手段演示构造的工作形态，注意引导学生使用标准图集，在完成典型构造选用的基础上，对少数重点构造进行设计和实施		
教学场所要求	在校内实训基地进行		
考核评价要求	宜通过图纸或构造实体的制作进行评价。 必要时可以采用小组评价的方式，并注重对策划、实施和效果的阶段性评价		

建筑结构的受力分析、内力计算技能单元教学要求　　表 41

单元名称	建筑结构的受力分析、内力计算	最低学时	30 学时
教学目标	专业能力： 1. 能应用各种常用的结构体系，将实际结构简化为计算简图，并进行荷载计算； 2. 会进行力的合成、分解，能利用静力平衡条件求解未知力； 3. 能对常用构件进行内力、应力计算，绘制内力图； 4. 能对常用结构进行内力、位移计算，绘制内力图 方法能力： 1. 关注建筑结构的发展变化，新技术、新材料的应用； 2. 具有一定自学能力，能通过网络、参考书、图集、手册、规范获取所需资料； 3. 善于发现问题，能独立分析和解决问题； 4. 能将掌握的技能应用于学习和工作中 社会能力： 1. 通过小组合作完成任务，培养团队意识、与他人交流及合作的能力； 2. 具有勤于思考、严谨求实的工作作风和积极向上的工作态度； 3. 具有良好的职业道德修养和高度的社会责任感		

续表

单元名称	建筑结构的受力分析、内力计算	最低学时	30学时
教学内容	1. 常用的结构体系，结构计算简图的建立，荷载计算； 2. 力的合成、分解，静力平衡条件求解未知力； 3. 常用构件的内力、应力计算，绘制内力图； 4. 常用结构的内力、位移计算，绘制内力图		
教学方法建议	宜采用任务驱动的教学方法，通过对梁、板、柱、雨篷、楼梯、楼盖等常用构件的简图确定、荷载计算、内力计算、内力图绘制等任务的完成，培养学生的受力分析和内力计算能力		
教学场所要求	多媒体教室或专用教室		
考核评价要求	宜采用过程评价和终结性评价相结合的方法。每个任务的过程评价可由小组评价、学生自评互评、教师评价、设计成果评价等内容组成。终结性评价可由知识考核、综合考核组成		

砌体结构房屋设计技能单元教学要求 表42

单元名称	砌体结构房屋设计	最低学时	20学时
教学目标	专业能力： 1. 能正确选择砌体结构的材料； 2. 能对多层刚性方案房屋的墙体进行荷载内力计算、高厚比和承载力计算； 3. 能根据砌体构造要求进行圈梁、构造柱布置； 4. 能进行砖及毛石基础的设计 方法能力： 1. 具有一定自我学习、分析问题、解决问题的能力； 2. 注重理论联系实际，能利用所学知识解决学习和工作中遇到的常见结构问题； 3. 具有较强的动手能力 社会能力： 1. 具有团队意识和与他人交流合作的能力； 2. 具有勤于思考、严谨求实的工作作风和积极向上的工作态度； 3. 具有良好的职业道德修养和高度的社会责任感； 4. 具有承受挫折的能力，勇于克服困难，独立完成工作任务		
教学内容	1. 砌体结构的材料； 2. 多层刚性方案房屋墙体荷载内力计算、高厚比和承载力计算； 3. 圈梁、构造柱布置的构造要求； 4. 砖及毛石基础的设计		
教学方法建议	宜采用案例或行动导向教学法，以砌体房屋施工图为载体，分组进行墙体的高厚比和承载力验算，毛石基础设计、圈梁和构造柱布置		
教学场所要求	校内实训基地或专用教室		
考核评价要求	宜采用过程评价和终结性评价相结合的方法。用真实或高仿真的任务为载体，在初始阶段可以采用学生分组、学生互评、教师指导的方式 根据学生的过程表现和成果质量、通过答辩确定考核成绩		

混凝土结构房屋设计技能单元教学要求 表 43

单元名称	混凝土结构房屋设计	最低学时	40 学时
教学目标与内容	专业能力： 1. 能正确选择混凝土结构的材料； 2. 能对钢筋混凝土基本构件的进行截面选择与配筋计算； 3. 能对受弯构件进行裂缝与变形验算； 4. 能进行钢筋混凝土扩展基础设计 方法能力： 1. 具有一定自学、分析问题、解决问题的能力； 2. 能用所学习知识解决学习和工作中遇到的各种结构问题； 3. 通过课程项目实践，挖掘学生潜在的创造力，激发学生的工程设计才能 社会能力： 1. 通过小组合作，培养团队意识、创新思维、组织协调及沟通交流能力； 2. 具有良好的职业道德修养和高度的社会责任感； 3. 具有勤于思考、严谨求实的工作作风和积极向上的工作态度； 4. 通过设计培养职业素质和专业意识		
教学目标与内容	1. 混凝土结构的材料； 2. 钢筋混凝土基本构件截面选择与配筋计算； 3. 受弯构件裂缝与变形验算； 4. 钢筋混凝土扩展基础设计		
教学方法建议	建议采用案例教学法，以框架结构房屋施工图为载体，分组进行梁、板、柱、雨篷、楼梯、基础等构件的设计复核		
教学场所要求	校内实训基地		
考核评价要求	宜采用过程评价和终结性评价相结合的方法。用真实或高仿真的任务为载体，在初始阶段可以采用学生分组、学生互评、教师指导的方式 根据学生的过程表现和成果质量、通过答辩确定考核成绩		

地形图识读技能单元教学要求 表 44

单元名称	地形图识读	最低学时	5 学时
教学目标	专业能力： 1. 能进行简单的地形图绘制； 2. 能阅读地形图； 3. 能在工作中应用地形图 方法能力： 1. 具有独立学习、独立思考和综合应用技术信息的能力； 2. 具有归整和评估工作结果能力 社会能力： 1. 能关注新事物，具有收集和领会信息的能力； 2. 能与人沟通协调，具有较强的总结和归纳能力		
教学内容	1. 简单的地形图绘制； 2. 阅读地形图； 3. 地形图的应用		

续表

单元名称	地形图识读	最低学时	5学时
教学方法建议	以实际工程地形图为教学载体，主要采用案例教学方法，结合课堂讨论法、启发式教学等多种方法使学生掌握地形图识读有关知识		
教学场所要求	多媒体教室		
考核评价要求	宜采用过程考评与期末考评相结合的方法，强调过程考评的重要性，过程考核由学生自评、教师评价组成，以全面综合评价学生职业行动能力		

水准仪使用和水准测量技能单元教学要求　表45

单元名称	水准仪使用和水准测量	最低学时	5学时
教学目标	专业能力： 1. 能熟练使用水准仪； 2. 能完成测点、路线水准测量工作； 3. 能完成高程引测和测设工作； 4. 能完成场地平整测量工作； 5. 能基本完成建筑物沉降观测工作 方法能力： 1. 具有独立制定工作计划的能力； 2. 具有一定的独立工作、处理综合问题的能力 社会能力： 1. 能和相关专业配合、协调； 2. 具有团队意识		
教学内容	1. 水准仪的使用； 2. 测点、路线水准测量； 3. 高程引测和测设，场地平整测量工作； 4. 建筑物沉降观测		
教学方法建议	以实际工程为教学载体，主要采用任务驱动项目教学法，根据任务需要结合单独演练、分组教学方式。在教学中还可以穿插仪器演示、案例教学、讨论式、启发教学等多种教学方法		
教学场所要求	多媒体教室、测量实训室或校内实训场		
考核评价要求	宜采用过程考评与期末考评相结合的方法。强调过程考评的重要性，过程考核由学生自评、学生互评、教师评价组成，以全面综合评价学生职业行动能力		

经纬仪、全站仪使用和角度测量技能单元教学要求　表46

单元名称	经纬仪、全站仪使用和角度测量	最低学时	5学时
教学目标	专业能力： 1. 能熟练使用经纬仪，能使用全站仪； 2. 能进行水平角、竖直角观测； 3. 能测设已知水平角； 4. 能测设已知垂直角 方法能力： 1. 具有独立制定工作计划的能力； 2. 具有一定的独立工作、处理综合问题的能力 社会能力： 1. 能和相关专业配合、协调； 2. 具有团队意识		

续表

单元名称	经纬仪、全站仪使用和角度测量	最低学时	5 学时
教学内容	1. 经纬仪和全站仪的使用； 2. 水平角、竖直角观测； 3. 测设已知水平角和已知垂直角工作		
教学方法建议	以实际工程为教学载体，主要采用任务驱动项目教学法，根据任务需要结合单独演练、分组教学方式。在教学中还可以根据任务不同需求穿插仪器演示、案例教学、讨论式、启发式教学等多种教学方法		
教学场所要求	多媒体教室、测量实训室或校内实训场		
考核评价要求	宜采用过程考评与期末考评相结合的方法，强调过程考评的重要性，过程考核由学生自评、学生互评、教师评价组成，以全面综合评价学生职业行动能力		

钢尺量距、全站仪距离测量技能单元教学要求 **表 47**

单元名称	钢尺量距、全站仪距离测量	最低学时	5 学时
教学目标	专业能力： 1. 能用钢尺完成距离测量； 2. 能使用全站仪完成距离测量； 3. 能完成距离测设 方法能力： 1. 具有独立制定工作计划的能力； 2. 具有一定的独立工作、处理综合问题的能力 社会能力： 1. 能和相关专业配合、协调； 2. 具有团队意识		
教学内容	1. 钢尺距离测量； 2. 全站仪距离测量； 3. 距离测设		
教学方法建议	主要采用任务驱动项目教学法，结合分组教学方式。在教学中还可以穿插仪器演示、学生单独演练、课堂讨论、启发式教学等多种教学方法		
教学场所要求	多媒体教室、测量实训室或校内实训场		
考核评价要求	宜采用过程考评与期末考评相结合的方法。强调过程考评的重要性，过程考核由学生自评、学生互评、教师评价组成，以全面综合评价学生职业行动能力		

建筑施工测量技能单元教学要求 **表 48**

单元名称	建筑施工测量	最低学时	15 学时
教学目标	专业能力： 1. 能进行施工控制网测设； 2. 能进行建筑基线测设； 3. 能进行建筑物定位和放线； 4. 能进行民用建筑施工测量； 5. 能进行工业建筑施工测量； 6. 能进行建筑物变形观测		

续表

单元名称	建筑施工测量	最低学时	15学时
教学目标	方法能力： 1. 具有系统地独立完成工作的能力； 2. 具有系统地解决问题的能力 社会能力： 1. 批评与自我批评的能力； 2. 认真、细心、诚实、可靠等品质； 3. 良好的职业道德修养		
教学内容	1. 施工控制网及建筑基线的测设； 2. 建筑物定位和放线； 3. 民用与工业建筑的施工测量； 4. 建筑物变形观测		
教学方法建议	以实际工程为教学载体，主要采用任务驱动结合分组教学的项目教学法。在教学中还可以根据任务不同需求穿插案例教学、讨论式、启发式教学等多种教学方法		
教学场所要求	测量实训室及校内实训场		
考核评价要求	建议采用过程考评与期末考评相结合的方法。强调过程考评的重要性，过程考核由学生自评、学生互评、教师评价组成，以全面综合评价学生职业行动能力		

计算机操作和应用技能单元教学要求 **表49**

单元名称	计算机操作和应用	最低学时	5学时
教学目标	专业能力： 1. 能完成计算机基本操作； 2. 能对计算机进行简单维护； 3. 能进行常用软件的安装与卸载 方法能力： 1. 具有一定的独立学习、独立思考的能力； 2. 具有独立制定工作计划能力； 3. 具有一定的独立工作、处理综合问题的能力 社会能力： 1. 具有信息资料收集能力； 2. 能编写简洁的文书； 3. 与他人相处及协调同事之间、上下级之间工作关系的能力		
教学内容	1. 计算机的基本操作； 2. 计算机的简单维护； 3. 常用软件的安装与卸载工作		
教学方法建议	主要采用案例教学方法，结合教师演示、学生单独演练、课堂讨论法、启发式教学等多种方法使学生掌握地形图识读有关知识		
教学场所要求	计算机机房		
考核评价要求	宜采用过程考评与期末考评相结合的方法。强调过程考评的重要性，过程考核由学生自评、教师评价组成，以全面综合评价学生职业行动能力		

常用办公软件应用技能单元教学要求 **表50**

单元名称	常用办公软件应用	最低学时	5学时
教学目标	专业能力： 1. 能完成Word文档制作、编辑工作； 2. 能完成Excel表格制作、编辑工作； 3. 能完成较简单PowerPoint演示文档制作、编辑工作 方法能力： 1. 具有一定的评估工作结果的能力； 2. 具有解决实际问题的思路能力 社会能力： 1. 解决问题的综合能力； 2. 具有较强的总结能力； 3. 具有团队意识		
教学内容	1. Word文档制作及编辑； 2. Excel表格制作及编辑； 3. 简单PowerPoint演示文档制作及编辑		
教学方法建议	以实际文档、表格为教学载体，主要采用任务驱动的项目教学法。在教学中还可以根据任务不同需求穿插教师演示案例教学、课堂讨论式、启发式教学等多种教学方法		
教学场所要求	计算机机房		
考核评价要求	宜采用过程考评与期末考评相结合的方法。强调过程考评的重要性，过程考核由学生自评、教师评价组成，以全面综合评价学生职业行动能力		

常用专业设计软件应用技能单元教学要求 **表51**

单元名称	常用专业设计软件应用	最低学时	15学时
教学目标	专业能力： 1. 能应用专业设计软件完成建筑专业施工图的基本绘制； 2. 能应用专业设计软件完成结构专业施工图的基本绘制； 3. 能熟练地完成图纸的输出、打印 方法能力： 1. 具有独立完成工作的能力； 2. 具有系统的解决问题能力 社会能力： 1. 在小组工作中的合作能力； 2. 具有认真、细心、诚实、可靠等品质； 3. 具有良好的职业道德修养		
教学内容	1. 简单图形的绘制及输出； 2. 建筑专业、结构专业施工图的绘制		
教学方法建议	以实际工程图为教学载体，主要采用任务驱动的项目教学法。在教学中还可以根据任务不同需求穿插教师演示案例教学、课堂讨论式、启发式教学等多种教学方法		
教学场所要求	计算机机房		
考核评价要求	宜采用过程考评与期末考评相结合的方法。强调过程考评的重要性，过程考核由学生自评、教师评价组成，以全面综合评价学生职业行动能力		

地基及基础工程施工技术应用技能单元教学要求 表 52

单元名称	地基及基础工程施工技术应用	最低学时	5学时
教学目标	专业能力： 1. 能进行土方工程量计算，土方调配计算； 2. 能编制单项土方施工方案，土方施工技术交底； 3. 能判别土方施工机械性能及适用情况； 4. 能处理软弱地基； 5. 能编制常见基础工程施工方案 方法能力： 1. 能主动学习，把知识内化为能力； 2. 能根据现场实际情况，综合各方面影响因素，提出解决方案 社会能力： 1. 具有良好的职业道德和社会责任感； 2. 具有独立判断和解决问题能力； 3. 具有团队合作能力及吃苦耐劳、勤恳工作能力		
教学内容	1. 土方工程量计算，土方调配计算； 2. 单项土方施工方案，土方施工技术交底； 3. 土方施工机械及适用情况判断； 4. 软弱地基的处理； 5. 常见基础工程施工方案编制		
教学方法建议	通过具体工程实例，让学生独立编制施工方案或计算，再通过互相评价发现问题、解决问题		
教学场所要求	校内实训基地		
考核评价要求	计算准确、方案合理，能够指导施工，能够解决现场发现的问题。可以采用学生分组，团队评价的方式		

砌体结构施工技术应用技能单元教学要求 表 53

单元名称	砌体结构施工技术应用	最低学时	10学时
教学目标	专业能力： 1. 能编制砌筑脚手架搭设方案； 2. 能依据砌体结构施工工艺和质量标准开展工作； 3. 能编制砌体结构季节性施工措施及要求； 4. 能编制砌体结构施工方案 方法能力： 1. 能主动学习，把知识内化为能力； 2. 能根据现场实际情况，综合各方面影响因素，提出解决方案 社会能力： 1. 具有良好的职业道德和社会责任感； 2. 具有独立判断和解决问题能力； 3. 具有团队合作能力及吃苦耐劳、勤恳工作能力		

续表

单元名称	砌体结构施工技术应用	最低学时	10学时
教学内容	1. 砌筑脚手架搭设方案的编制； 2. 砌体结构施工工艺和质量标准； 3. 砌体结构季节性施工措施及要求； 4. 砌体结构施工方案		
教学方法建议	通过具体工程实例，让学生独立编制施工方案，再通过互相评价发现问题、解决问题。能利用现有条件使学生动手操作，加深对规范的理解		
教学场所要求	校内实训基地		
考核评价要求	计算准确、方案合理，能够指导施工，能够解决现场发现的问题，可以采用学生分组，团队评价的方式		

模板工程施工设计技能单元教学要求 **表54**

单元名称	模板工程施工设计	最低学时	5学时
教学目标	专业能力： 1. 能进行模板设计； 2. 能指导安装与拆除模板； 3. 能进行模板施工质量验收及控制； 4. 能编制模板施工安全措施 方法能力： 1. 能主动学习，把知识内化为能力； 2. 能根据现场实际情况，综合各方面影响因素，提出解决方案 社会能力： 1. 具有良好的职业道德和社会责任感； 2. 具有独立判断和解决问题能力； 3. 具有团队合作能力及吃苦耐劳、勤恳工作能力		
教学内容	1. 模板设计； 2. 模板安装与拆除； 3. 模板施工质量验收及控制； 4. 模板施工安全措施的编制		
教学方法建议	通过具体工程实例，让学生独立编制施工方案或计算，再通过互相评价发现问题、解决问题。利用现有条件进行模板安装与拆除作业		
教学场所要求	校内实训基地		
考核评价要求	计算准确、方案合理，能够指导施工，能够解决现场发现的问题。可以采用学生分组，团队评价的方式		

钢筋工程施工技术应用技能单元教学要求　　表 55

单元名称	钢筋工程施工技术应用	最低学时	5 学时
教学目标	专业能力： 1. 能进行钢筋下料计算及钢筋配料单编制； 2. 能指导钢筋加工； 3. 能编制钢筋工程施工专项方案； 4. 能进行钢筋工程施工技术交底 方法能力： 1. 能主动学习，把知识内化为能力； 2. 能根据现场实际情况，综合各方面影响因素，提出解决方案 社会能力： 1. 具有良好的职业道德和社会责任感； 2. 具有独立判断和解决问题能力； 3. 具有团队合作能力及吃苦耐劳、勤恳工作能力		
教学内容	1. 钢筋下料计算及钢筋配料单编制； 2. 钢筋加工的基本程序与标准； 3. 钢筋工程施工专项方案及钢筋工程施工技术交底		
教学方法建议	通过具体工程实例，让学生独立编制施工方案或计算，再通过互相评价发现问题、解决问题。利用现有条件进行钢筋加工与安装作业		
教学场所要求	校内实训基地		
考核评价要求	计算准确、方案合理，能够指导施工，能够解决现场发现的问题		

混凝土工程施工技术应用技能单元教学要求　　表 56

单元名称	混凝土工程施工技术应用	最低学时	10 学时
教学目标	专业能力： 1. 能计算混凝土施工配合比； 2. 能按照混凝土工程施工工艺标准及质量要求工作； 3. 能编制混凝土工程常见质量通病防治措施及处理方案 方法能力： 1. 能主动学习，把知识内化为能力； 2. 能根据现场实际情况，综合各方面影响因素，提出解决方案 社会能力： 1. 具有良好的职业道德和社会责任感； 2. 具有独立判断和解决问题能力； 3. 具有团队合作能力及吃苦耐劳、勤恳工作能力		

续表

单元名称	混凝土工程施工技术应用	最低学时	10学时
教学内容	1. 混凝土施工配合比计算； 2. 混凝土工程施工的工艺标准及质量要求； 3. 混凝土工程常见质量通病防治措施及处理方案		
教学方法建议	通过具体工程实例，让学生独立编制施工方案或计算，再通过互相评价发现问题、解决问题		
教学场所要求	校内实训基地		
考核评价要求	计算准确、方案合理，能够指导施工，能够解决现场发现的问题		

防水工程施工技术应用技能单元教学要求 表57

单元名称	防水工程施工技术应用	最低学时	10学时
教学目标	专业能力： 1. 能判别防水材料性能及质量要求； 2. 能按照屋面防水工程施工工艺及质量要求工作； 3. 能按照地下防水工程施工工艺及质量要求工作； 4. 能按照卫生间防水工程施工工艺及质量要求工作 方法能力： 1. 能主动学习，把知识内化为能力； 2. 能根据现场实际情况，综合各方面影响因素，提出解决方案 社会能力： 1. 具有良好的职业道德和社会责任感； 2. 具有独立判断和解决问题能力； 3. 具有团队合作能力、吃苦耐劳、勤恳工作能力		
教学内容	1. 防水材料性能及质量要求； 2. 屋面防水工程施工工艺及质量要求； 3. 地下防水工程施工工艺及质量要求； 4. 卫生间防水工程施工工艺及质量要求		
教学方法建议	通过具体工程实例，让学生独立编制施工方案，再通过互相评价发现问题、解决问题		
教学场所要求	校内或校外实训基地或施工现场		
考核评价要求	编制方案合理，能够指导施工，能够解决现场发现的问题		

预算定额应用技能单元教学要求 表 58

单元名称	预算定额应用	最低学时	5 学时
教学目标	专业能力： 1. 能准确、熟练地选用定额作为预算依据； 2. 能熟练运用定额进行计价 方法能力： 1. 能主动关注、学习新事物； 2. 能不断掌握的技能，并在学习和工作实际中有机的迁移和应用； 3. 能对复杂和相互关联的事物进行合理的分解，通过相互认证建立相互协调的关系，并找出处理办法 社会能力： 1. 通过对定额的熟悉和应用训练，建立专业间相互配合协调的基本意识； 2. 能有团结协作、求真务实、科学严谨的工作态度和独立工作能力； 3. 能自觉用良好的职业道德修养和高度的社会责任感开展和指导工作		
教学内容	1. 预算定额； 2. 运用定额计价		
教学方法建议	主要借助一套实际的工程实例来实施教学，教学载体要有完整性、真实性和准确性，应当符合现行的规范和规程，在不同的学习阶段完成不同的学习任务		
教学场所要求	在校内实训基地进行		
考核评价要求	引导学生建立认真、细致的学习意识，掌握定额的基本分类和内容，教师应对提供的工程实例内容完整掌握。可以通过设置缺陷、错误让学生查判、学生互评、教师质疑、学生答辩的方式进行考核。可以把学生分为小组，集体编制，给出团队成绩		

工程量计算技能单元教学要求 表 59

单元名称	工程量计算	最低学时	10 学时
教学目标	专业能力： 1. 能计算建筑面积； 2. 能计算建筑工程工程量； 3. 能计算装饰工程工程量 方法能力： 1. 能主动关注、学习新事物； 2. 能不断掌握新的技能，并在学习和工作实际中有机的迁移和应用； 3. 能对复杂和相互关联的事物进行合理的分解，通过相互认证建立相互协调的关系，并找出处理办法 社会能力： 1. 具有专业间相互配合协调的基本意识； 2. 具有团结协作、求真务实、科学严谨的工作态度和独立工作能力； 3. 能自觉用良好的职业道德修养和高度的社会责任感开展和指导工作		

续表

单元名称	工程量计算	最低学时	10学时
教学内容	1. 建筑面积的计算规则； 2. 建筑工程工程量和装饰工程工程量计算		
教学方法建议	主要借助一套实际的工程实例来实施教学，教学载体要有完整性、真实性和准确性，应当符合现行的规范和规程，在不同的学习阶段完成不同的学习任务		
教学场所要求	在校内实训基地进行		
考核评价要求	引导学生建立认真、细致的学习意识，掌握工程量计算，教师应对提供的工程实例内容完整掌握。可以通过设置缺陷、错误让学生查判、学生互评、教师质疑、学生答辩的方式进行考核。可以把学生分为小组，集体编制，给出团队成绩		

工程量清单计价应用技能单元教学要求 表60

单元名称	工程量清单计价应用	最低学时	10学时
教学目标	专业能力： 1. 能进行工程量清单计价； 2. 能编制投标报价 方法能力： 1. 能主动关注、学习新事物； 2. 能不断掌握新的技能，并在学习和工作实际中有机的迁移和应用； 3. 能对复杂和相互关联的事物进行合理的分解，通过相互认证建立相互协调的关系，并找出处理办法 社会能力： 1. 通过对工程量清单计价的训练，建立专业间相互配合协调的基本意识； 2. 具有团结协作、求真务实、科学严谨的工作态度和独立工作能力； 3. 能自觉用良好的职业道德修养和高度的社会责任感开展和指导工作		
教学内容	1. 工程量清单计价； 2. 投标报价的编制		
教学方法建议	主要借助一套实际的工程实例来实施教学，教学载体要有完整性、真实性和准确性，应当符合现行的规范和规程，在不同的学习阶段完成不同的学习任务		
教学场所要求	在校内实训基地进行		
考核评价要求	引导学生建立认真、细致的学习意识，掌握工程量清单计价，教师应对提供的工程实例内容完整掌握。可以通过设置缺陷、错误让学生查判、学生互评、教师质疑、学生答辩的方式进行考核。可以把学生分为小组，集体编制，给出团队成绩		

工程质量检验技能单元教学要求　　表 61

单元名称	工程质量检验	最低学时	5 学时
教学目标	专业能力： 1. 能确定检验批； 2. 能进行分项工程检验； 3. 能进行分部工程检验； 4. 能进行单位工程检验 方法能力： 1. 能主动学习，把知识内化为能力； 2. 能根据现场实际情况，综合各方面影响因素，提出解决方案 社会能力： 1. 具有良好的职业道德和社会责任感； 2. 具有独立判断和解决问题能力； 3. 具有现场管理能力及吃苦耐劳、勤恳工作能力； 4. 能够坚持原则、秉公办事		
教学内容	1. 检验批的确定； 2. 分项工程、分部工程检验； 3. 单位工程检验		
教学方法建议	利用校内实训基地或在建工程进行实训		
教学场所要求	校内或校外实训基地或施工现场		
考核评价要求	学生能够熟练应用质量检验工具对工程质量进行检验，对发现的问题能够提出解决方案		

编制质量检验文件技能单元教学要求　　表 62

单元名称	编制质量检验文件	最低学时	5 学时
教学目标	专业能力： 1. 能编制检验批、分项工程检验文件； 2. 能编制分部工程检验文件； 3. 能编制单位工程检验文件； 4. 能编制质量管理的规章制度 方法能力： 1. 能主动学习，把知识内化为能力； 2. 能根据现场实际情况，综合各方面影响因素，提出解决方案 社会能力： 1. 具有良好的职业道德和社会责任感； 2. 能具有独立判断和解决问题能力； 3. 能具有现场管理能力、吃苦耐劳、勤恳工作能力； 4. 能够坚持原则、秉公办事		
教学内容	1. 检验批、分项工程检验文件的编制； 2. 分部工程检验文件和单位工程检验文件的编制； 3. 质量管理规章制度的编制		
教学方法建议	结合实际工程进行实训		
教学场所要求	校内实训基地		
考核评价要求	学生能够正确填写检验文件，编制主要的质量检验规章制度		

常见施工质量通病的处理技能单元教学要求 表 63

单元名称	常见施工质量通病的处理	最低学时	5 学时
教学目标	专业能力： 1. 能处理地基与基础工程常见质量通病； 2. 能处理主体工程常见质量通病； 3. 能处理装饰工程常见质量通病； 4. 能处理屋面防水工程常见质量通病 方法能力： 1. 能主动学习，把知识内化为能力； 2. 能根据现场实际情况，综合各方面影响因素，提出解决方案 社会能力： 1. 具有良好的职业道德和社会责任感； 2. 具有独立判断和解决问题能力； 3. 具有现场管理能力及吃苦耐劳、勤恳工作能力； 4. 能够坚持原则、坚持标准、秉公办事		
教学内容	1. 地基与基础工程常见质量通病的处理； 2. 主体工程常见质量通病的处理； 3. 装饰工程和屋面防水工程常见质量通病的处理		
教学方法建议	案例结合实际工程进行教学		
教学场所要求	校内或校外实训基地		
考核评价要求	学生应能够针对发现的质量问题提出解决方案，能够进行现场管理		

质量控制技能单元教学要求 表 64

单元名称	质量控制	最低学时	5 学时
教学目标	专业能力： 1. 能进行土建工程施工现场质量控制； 2. 能进行土建工程施工质量控制资料核查 方法能力： 1. 能主动学习，把知识内化为能力； 2. 能根据现场实际情况，综合各方面影响因素，提出解决方案 社会能力： 1. 具有良好的职业道德和社会责任感； 2. 具有独立判断和解决问题能力； 3. 具有现场管理能力、吃苦耐劳、勤恳工作能力； 4. 能够坚持原则、坚持标准、秉公办事		
教学内容	1. 土建工程施工现场质量控制； 2. 土建工程施工质量控制资料核查		
教学方法建议	案例结合实际工程进行教学		
教学场所要求	校内或校外实训基地		
考核评价要求	学生能够针对发现的质量问题提出解决方案，能够进行现场管理		

安全生产管理技能单元教学要求 **表 65**

单元名称	安全生产管理	最低学时	10 学时
教学目标	专业能力： 1. 能参与编制项目安全生产管理计划和应急预案； 2. 能对施工机械、临时用电及劳保用品进行安全符合性判断； 3. 能编制专项方案并实施； 4. 能识别危险源并进行安全交底； 5. 能参与安全事故处理和救援； 6. 能整理安全资料 方法能力： 1. 能主动学习，把知识转化为能力； 2. 能根据现场实际情况，综合各方面影响因素，提出解决方案 社会能力： 1. 具有良好的职业道德和社会责任感； 2. 具有独立判断和解决问题能力； 3. 具有现场管理能力、吃苦耐劳、勤恳工作能力		
教学内容	1. 项目安全生产管理计划和应急预案的编制； 2. 施工机械、临时用电及劳保用品的安全符合性判断； 3. 危险源识别、专项方案编制和实施； 4. 安全事故处理和救援； 5. 安全资料的整理归档		
教学方法建议	通过具体工程实例，让学生独立编制施工方案，再通过互相评价发现问题、解决问题		
教学场所要求	校内实训基地		
考核评价要求	方案合理，能够指导施工，能够发现和解决现场问题		

编制施工技术资料技能单元教学要求 **表 66**

单元名称	编制施工技术资料	最低学时	10 学时
教学目标	专业能力： 1. 能编制与整理工程竣工验收文件； 2. 能编制与整理工程质量、安全、进度、监理等资料； 3. 能制定资料编制计划，进行资料管理 方法能力： 1. 具有自主学习能力，能理顺多元化背景资料； 2. 能够不断掌握新的技能，并在学习和工作实际中有机的迁移和应用 社会能力： 1. 能与人交流合作，协调各部门、各岗位及相关单位的工作关系，形成良好的工作氛围； 2. 具有团结协作、求真务实、科学严谨的工作态度和独立工作的能力； 3. 具有良好的职业道德修养和高度的社会责任感		
教学内容	1. 工程竣工验收文件的编制与整理； 2. 工程质量、安全、进度、监理等资料的编制与整理； 3. 资料计划的编制及资料管理		
教学方法建议	宜采用行动导向、案例教学的模式。用真实的工程作载体，结合已学的知识和技能，围绕真实的教学任务进行训练		
教学场所要求	校内实训基地		
考核评价要求	评价标准应兼顾学习和岗位要求，要注意把握对典型资料编制的评价。可以根据工程载体的规模、难度的差异，采取个人评价或小组评价的方式		

使用计算机编制和管理资料技能单元教学要求 表 67

单元名称	使用计算机编制和管理资料	最低学时	10 学时
教学目标	专业能力： 1. 能熟练应用计算机及相关软件编制施工技术资料； 2. 能应用计算机和相关软件管理施工技术资料 方法能力： 1. 能综合运用已经掌握的知识和技能； 2. 具有自觉使用先进办公及管理设备的意识； 3. 能对各类资料进行规整和管理 社会能力： 1. 能与人交流合作，协调各部门、各岗位及相关单位的工作关系，形成良好的工作氛围； 2. 具有团结协作、求真务实、科学严谨的工作态度和独立工作的能力； 3. 具有良好的职业道德修养和高度的社会责任感		
教学内容	1. 使用计算机及相关软件编制施工技术资料； 2. 计算机和相关软件在管理施工技术资料的应用		
教学方法建议	用真实的工程作载体，结合已学的知识和技能，围绕真实的教学任务进行训练。所选用的工程载体应当能够显示计算机在管理资料方面的优势		
教学场所要求	在计算机房完成		
考核评价要求	评价标准应兼顾学习和岗位要求，要注意把握对典型资料编制的评价		

施工组织设计编制技能单元教学要求 表 68

单元名称	施工组织设计编制	最低学时	15 学时
教学目标	专业能力： 1. 能编制施工方案； 2. 能编制施工进度计划； 3. 能绘制施工现场平面布置图 方法能力： 1. 能主动关注、学习新事物； 2. 能不断掌握新的技能，并在学习和工作实际中有机的迁移和应用； 3. 能对复杂和相互关联的事物进行合理的分解，通过相互认证建立相互协调的关系，并找出处理办法 社会能力： 1. 具有专业间相互配合协调的基本意识； 2. 具有团结协作、求真务实、科学严谨的工作态度和独立工作能力； 3. 能自觉地用良好的职业道德修养和高度的社会责任感开展和指导工作		
教学内容	1. 施工方案的编制； 2. 施工进度计划的编制； 3. 施工现场平面布置图的绘制		
教学方法建议	建议主要借助一套实际的建筑工程实例来实施教学。教学载体要有完整性、真实性和准确性，应当符合现行的规范和规程，在不同的学习阶段完成不同的学习任务		
教学场所要求	在校内实训基地进行		
考核评价要求	学生具有认真、细致的施工组织意识，掌握基本的编制程序和方法为考核的重点，教师应对提供的工程实例内容完整掌握。可以通过设置缺陷、错误让学生查判、学生互评、教师质疑、学生答辩的方式进行考核。 可以把学生分为小组，配合工作，给出团队成绩		

砌筑工操作技能单元教学要求 表69

单元名称	砌筑工操作	最低学时	30学时
教学目标与内容	专业能力： 1. 能正确使用常用机具和工具； 2. 能按工艺过程进行操作； 3. 能对成品评定验收 方法能力： 1. 能把学习到知识转化为自身的能力，使自己素质得到提升； 2. 能利用掌握的工艺方法进行现场管理工作 社会能力： 1. 具有良好的职业道德和社会责任感； 2. 具有独立判断和解决问题能力； 3. 具有独立操作能力、吃苦耐劳、勤恳工作能力		
教学方法建议	按照工艺过程和相关技术标准进行实际操作		
教学场所要求	校内实训基地		
考核评价要求	按照工艺过程和标准进行考核，实际操作应能够达到初级工水平		

模板工操作技能单元教学要求 表70

单元名称	模板工操作	最低学时	30学时
教学目标	专业能力： 1. 能正确使用常用机具和工具； 2. 能按工艺过程和标准进行基本操作及指导； 3. 能对成品评定验收 方法能力： 1. 能把学习到知识转化为自身的能力，使自己素质得到提升； 2. 能利用掌握的工艺方法和标准进行现场管理工作 社会能力： 1. 具有良好的职业道德和社会责任感； 2. 具有独立判断和解决问题能力； 3. 具有独立操作能力、吃苦耐劳、勤恳工作能力		
教学内容	1. 常用操作机具和工具的使用； 2. 工艺操作过程和质量标准； 3. 对成品的评定和验收		
教学方法建议	按照工艺过程和相关技术标准进行实际操作		
教学场所要求	校内实训基地		
考核评价要求	按照工艺过程和标准进行考核，实际操作应能够达到初级工水平		

3. 课程体系构建的原则要求

倡导各学校根据自身条件和特色构建校本化的课程体系，在条件允许的情况下，鼓励各院校采用“行动导向”的课程体系，“工作过程系统化”的课程模式。

课程教学包括基础理论教学和实践技能教学。课程可以按“知识/技能”领域分别进行设置，也可以由若干个“知识/技能”领域构成一门课程，还可以从各“知识/技能”领域中抽取相关的单元组成课程，但最后形成的课程体系应覆盖“知识/技能”体系的知识/技能单元尤其是核心知识/技能单元。

专业课程体系由核心课程和选修课程组成，核心课程应该覆盖“知识/技能”体系中的全部核心单元。同时，各院校可选择一些选修知识/技能单元和反映学校特色的“知识/技能”单元构建选修课程。

倡导“工学结合、理实一体”的课程模式，但实践教学也应形成由基础训练、综合训练、顶岗实习构成的完整体系。

9 专业办学基本条件和教学建议

9.1 专业教学团队

1. 专业带头人

专业带头人1～2名，应具有与本专业相适应的专业背景及高级职称，并具备较高的教学水平和实践能力；具有行业企业技术服务或技术研发经历；在本行业及专业领域具有较大的影响力。能够主持专业建设规划、专业教学方案设计、专业建设工作；能够为企业提供技术服务；主持过市地级及以上教学或应用技术科研项目或担任院级及以上精品课程负责人。专业带头人必须是“双师型”教师。

2. 师资数量

专业生师比不大于18∶1，主要专任专业教师不少于5人。

3. 师资水平及结构

基础课专任教师任职应具有硕士及以上学位，专业课专任教师应具有本专业本科及以上学历，且具有两年及以上企业工作经历。兼职教师应是来自行业企业生产一线的高水平专业技术人员或能工巧匠，具有高级职称。

专任教师团队中具有硕士学位的教师占专任教师的比例不少于35%，高级职称不少于30%，获执业（职业）资格证书或教学系列以外职称的教师比例达到30%以上。每学期的兼职教师任课比例不少于35%。

9.2 教学设施

1. 校内实训条件

校内实训设施按照一个教学班30～40人同时训练计算。实训教学项目设置，实训设备与设施种类、数量，实训室（场地）的面积等指标应满足《高职高专教育建筑工程技术专业校内实训及校内实训基地建设导则》（附录二）的有关要求。

2. 校外实训基地的基本要求

建筑工程技术专业校外实训基地应建立在二级及以上资质的房屋建筑工程施工总承包和专业承包企业。实训基地应能提供与本专业培养目标相适应的职业岗位，并宜对学生实施轮岗实训。实训基地应具备符合学生实训要求的场所和设施，具备必要的学习及生活条件，并配置专业人员对学生进行实训指导。

3. 信息网络教学条件

信息网络教学条件包括网络教学软件条件和网络教学硬件条件。软件条件指各种工程相关软件（工程项目管理软件、工程造价软件及相关设计软件等），网络教学硬件条件指校园网络建设，覆盖面和网络教学设备等满足教学需要。

9.3 教材及图书、数字化（网络）资料等学习资源

1. 教材

所使用的教材均应是国家（行业）规划教材或校本教材。

2. 图书及数字化资料

生均纸质图书藏量在30册以上，其中专业图书不少于60%，同时适用本专业的相关书籍不应少于2000册；与本专业相关的报刊种类不少于20种，其中专业期刊不少于10种；应有电子阅览室、电子图书等。

以优质数字化资源建设为载体，以课程建设需要为核心，以素材资源为补充，利用网络学习平台建设共享性教学资源库。资源库建设内容应涵盖学历教育与职业培训。专业教学软件包应包括：试题库、专业教学素材库等。通过专业教学网站登载，为网络学习、函授学习、终身学习、学生自主学习提供条件，力争实现校内、校外资源共享。

9.4 教学方法、手段与教学组织形式建议

1. 教学方法

鼓励采用“教学做合一”的教学模式及情境教学法、项目教学法、案例教学法、讨论式教学法、启发引导式教学法、现场教学法等实施教学。

2. 教学手段

传统教学手段和现代信息技术手段交互。充分利用网络教学平台建设，实现课程资源数字化并共享。鼓励建立远程教育服务平台，开设师生网络交流论坛。倡导利用多媒体技术，上传视频及图片资源，为学生自学与进一步学习提供条件，为学生自主学习开辟新途径。

3. 教学组织

各院校应认真贯彻“合作办学、合作育人、合作就业、合作发展”的理念，按照“依托行业、对接产业、定位职业、服务社会”的专业建设思路，参照本教学基本要求，校企

合作共同制定人才培养方案。认真进行专业核心课程教学设计，建立运行有效的校内外实训基地，吸引企业专家应参与人才培养的全过程。鼓励教师以行动导向的模式实施课程教学，形成以教师为主导、学生为主体、教学做合一、理论与实践合一、工学结合的教学模式。

9.5 教学评价、考核建议

加强质量管理体系建设，重视过程监控，逐步完善以学校为核心、教育行政部门为主导，社会和企业积极参与的专业教学质量保障体系。重点是配合人才培养模式和工作过程系统化课程体系，创建以能力为核心、以过程为重点的学习绩效考核评价体系。在构建评价指标体系的过程中，要深入建筑企业，对本专业所对应的职业岗位职责及知识、能力和技能要求进行细致的调研与分析，分解知识与能力的考核要素，吸纳用人单位专家参与教学质量评价，确保学生职业能力培养的质量。

学习绩效考核评价体系遵循“能力为主、知识为辅；过程为主、结果为辅；应会为主，应知为辅；定量为主，定性为辅”的原则，合理确定专业理论考核和职业能力考核的权重，并结合企业考核标准确定能力考核要素，改变学科教学体系下成绩考核的方法，将校内考核与企业实践考核相结合，使学习效果评价与岗位职业标准相吻合。改革实习、实训的考核评价方式，努力实现企业专家参与，现场实操、答辩的考核方式。

9.6 教学管理

加强各项教学管理规章制度建设，教学管理文件规范。完善教学质量监控与保障体系；形成教学督导、教师、学生、社会相结合的教学质量评价体系以及完整的信息反馈系统。建立具有可操作性的激励机制和奖惩制度；加强对毕业生质量跟踪调查和收集企业对专业人才需求反馈的信息渠道，同时根据各校实际明确教学管理重点与制定管理模式。

10 继续学习深造建议

本专业毕业生可以通过专升本、成人高考、自学考试等渠道继续学习土木工程、工程管理等本科专业。

附录 1

建筑工程技术专业教学基本要求实施示例

1　构建课程体系的架构与说明

采用“工作过程系统化”的课程开发模式。按照专业培养目标的要求，依据行业特点和岗位职业资格标准确定学生应具备的知识、能力和技能。以知识、能力、素质培养为主线，按照建筑企业施工工作过程和职业人才成长规律构建课程体系，为学生搭建适应职业岗位需求和可持续发展的平台。

2　专业核心课程简介

基础工程施工课程简介　　　　**表 1**

课程名称	基础工程施工	学时	100 学时
教学目标	专业能力： 1. 能够正确选择土方开挖机械与作业方法，能准确领会土方开挖方案，并能根据方案实施土方开挖和技术交底； 2. 能正确选择基坑支护结构，能判断基坑支护方案的合理性，能正确进行支护结构的施工； 3. 能准确识读基础工程图，并进行施工放样； 4. 能参与制定地基处理方案； 5. 能正确阅读理解基础工程施工方案； 6. 能正确认识和选用常见的基础材料； 7. 能够协调基础工程施工中常见问题 方法能力： 1. 能进行辩证思维，具有“自信、求实、协作、敬业”的意识； 2. 能保持勤奋向上、严谨细致的良好学习习惯和敬业爱岗的工作态度； 3. 能遵纪守法，自觉遵守职业道德和行业规范 社会能力： 1. 能遵守工作规则，具有协同创新的基本能力； 2. 具有爱岗敬业与团队合作精神； 3. 具有公平竞争的意识； 4. 具有自学和综合运用信息的能力； 5. 具有拓展知识、接受终身教育的基本能力		
教学内容	单元 1　场地平整 1. 基槽（坑）土方量的计算； 2. 场地平整及土方计算； 3. 土方调配、场地平整质量验收内容及标准。 单元 2　土石方工程施工 1. 土石方开挖与填筑、土方压实； 2. 基槽（坑）工程质量验收标准。		

续表

课程名称	基础工程施工	学时	100学时
教学内容	单元3　基坑支护施工 1. 基坑工程特点； 2. 常用支护结构形式； 3. 常用支护结构施工技术； 4. 基坑支护工程施工安全要点。 单元4　降水施工 1. 地下水控制方法及适用条件； 2. 井点结构和施工技术要求； 3. 降水与排水类型； 4. 施工质量检验标准。 单元5　地基处理 1. 地基处理的对象； 2. 地基处理的目的； 3. 地基处理方法； 4. 地基施工及质量验收。 单元6　浅基础施工 1. 识图和材料的知识； 2. 地基基础设计等级、设计内容及步骤； 3. 常见浅基础构造、施工要点及质量验收。 单元7　预制桩基础施工 1. 基本知识； 2. 桩基础构造与识图； 3. 预制桩基础施工要点、质量检验、验收标准。 单元8　灌注桩基础施工 1. 基本知识； 2. 灌注桩基础构造与识图； 3. 灌注桩基础施工要点、质量检验、验收标准		
实训项目及内容	项目1　场地平整土方调配方案 1. 确定场地平整的设计标高； 2. 计算挖、填土方量，确定场地土方调配方案。 项目2　基坑支护结构形式的选择 1. 分析不同支护结构的优缺点、适用范围、施工工序、要点及相关施工设备； 2. 阅读相关施工规范。 项目3　基坑支护结构施工技术 1. 施工方法、施工要点、施工设备的操作； 2. 发现并总结施工中常见的各种工程问题。 项目4　地基处理施工方案 1. 地基处理设计方案；		

续表

课程名称	基础工程施工	学时	100学时
实训项目及内容	2. 施工场地的工程地质和水文地质资料的应用； 3. 掌握现场地基土的特性、处理要点、处理效果及相关处理方法的工作原理和适用性； 4. 掌握地基处理的施工设备、施工顺序，施工中的有关注意事项、施工中常见的问题及处理措施，以及质量验收标准、方法等。 项目5　浅基础施工图的识读 1. 了解现场工程地质条件和水文地质资料，结合有关规范掌握持力层的情况，阅读施工图，明确基础布置、基础细部设计、有关构造要求和材料强度要求； 2. 掌握基础材料的性能、强度等级、规格、间距等设计要求。 项目6　浅基础施工及质量验收 1. 浅基础施工时所用材料、主要机具及正确操作方法； 2. 浅基础施工的操作工艺流程，填写质量验收记录表。 项目7　桩基础施工图的识读 1. 了解建筑场地工程地质条件和水文地质资料，结合有关资料了解持力层的情况，提出需要进行地基局部处理和特殊处理的位置； 2. 阅读施工图，明确桩基础布置、深度、类型和钢筋配置等的有关内容。 项目8　桩基础施工及质量验收 1. 桩基础的类型、主要机具及正确操作方法； 2. 桩基础施工的操作工艺流程，填写质量验收记录表		
教学方法建议	采用项目教学、案例教学、现场教学等教学方法。通过到施工现场参观实践，领会基础工程施工全过程，实现理论实践一体化教学		
考核评价要求	采用学生自评、小组互评、教师评定的方式，以过程考核为主。过程考评（任务考评）与期末考评（课程考评）相结合，过程考评占70%，期末考评占30%		

砌体结构工程施工课程简介　　**表2**

课程名称	砌体结构工程施工	学时	80学时
教学目标	专业能力： 1. 能编制砌体结构工程施工方案； 2. 能指导砌体结构工程施工主要工种的操作； 3. 能组织多层砌体结构建筑主体工程的施工； 4. 能对砌体结构建筑的主体工程进行质量验收； 5. 能解决砌体结构建筑主体工程施工过程中常见的技术问题； 6. 能正确认识和选用常见的砌墙材料； 7. 能识别砌体结构工程施工过程中的安全隐患，并能采取必要的措施进行整改。 方法能力： 1. 具有创造性的思维能力； 2. 具有空间想象力和分析解决施工问题的能力； 3. 具有适应新事物和创新的能力。		

续表

课程名称	砌体结构工程施工	学时	80学时
教学目标	社会能力： 1. 具有独立学习、独立思考、独立工作、解决复杂问题的能力； 2. 具有良好的思维潜力和分析问题的能力； 3. 具有团结协作、吃苦耐劳、爱岗敬业的精神； 4. 具有策划能力和组织、协调水平。		
教学内容	单元1　砖砌体施工 1. 砖结构建筑所用材料的基本知识； 2. 砖结构建筑施工图的识读； 3. 砖结构建筑的构造要求； 4. 砖结构工程施工机械的选用； 5. 砖结构的施工工艺与方法。 单元2　砌块施工 1. 砌块结构建筑所用材料的基本知识； 2. 砌块结构建筑施工图识读； 3. 砌块结构建筑的构造要求； 4. 砌块结构工程施工机械的选用； 5. 砌块结构的施工工艺与方法。 单元3　石砌体施工 1. 石砌体结构建筑所用材料的基本知识； 2. 石砌体结构建筑施工图识读； 3. 石砌体结构建筑的构造要求； 4. 石砌体结构工程施工机械的选用； 5. 石砌体结构施工工艺与方法		
实训项目及内容	项目1　砖砌体实训操作 学生在砌筑车间或施工现场进行操作，每组学生人数应为5～10人，在专任教师与企业技术人员（技师）的指导下，根据施工图的要求，按工艺标准各自完成所承担的砌筑任务。每组工作时间为24学时，完成后经指导教师检查及考核评分后，拆除、清理现场，为后一批的学生提供砌筑条件。 项目2　编制砌体结构工程主体结构施工方案 学生首先进行方案的编制，每组学生人数应为5～10人，在指导教师的辅导下，按照提供的施工图进行砌体结构工程主体结构施工方案的编制。编制方案的时间为10学时，完成后由指导教师进行检查及考核评分。 项目3　实训成果检验实训 学生在砌筑车间或施工现场进行操作，每组学生人数应为3～5人，在指导教师的带领下，对已完成的砖砌体、砌块砌体进行检查验收，形成验收资料，时间为10学时，由指导任教师进行检查及考核评分		

续表

课程名称	砌体结构工程施工	学时	80学时
教学方法建议	本课程以实际的施工任务为载体，采用“工作过程系统化”教学模式。每个教学项目按资讯、计划、决策、实施、检查、评估“六步教学法”组织教学。根据教学任务、内容特点以及学生的实际学习水平等因素，灵活运用案例分析、讨论、角色扮演、自学辅导等多种教学方法。技能训练由专任教师和来自企业的技术人员共同指导，企业工程技术人员（技师）同校内教师一起直接参与教学，实现教学项目与施工项目相互协调，教学过程与施工过程相互协调，学生在校学习与实际工作相互协调		
考核评价要求	1. 采取学生自评、小组互评、教师评价多个评价主体综合评价，突出阶段评价、目标评价、理论与实践一体化评价； 2. 以“知识、能力、过程、结果互补”的原则对学生进行考核评价。过程评价占总分的50%以上； 3. 对实训、计划编制、资料编制等成效进行评价		

混凝土结构工程施工课程简介 **表3**

课程名称	混凝土结构工程施工	学时	160学时
教学目标	专业能力： 1. 能识读施工图，参与图纸会审，实施技术交底和安全交底； 2. 能掌握钢筋、水泥和混凝土的性能、技术指标并正确应用； 3. 能编制混凝土结构工程主体结构施工方案； 4. 能指导混凝土结构工程施工主要工种的操作； 5. 能够编制钢筋工程、模板工程、混凝土工程的施工方案； 6. 能完成现浇框架、框剪结构及单层装配式钢筋混凝土结构厂房的施工； 7. 能解决施工中常见的技术问题； 8. 能进行混凝土结构工程的工程量计算和工程材料备料； 9. 能进行混凝土结构工程的质量检验； 10. 能组织混凝土结构工程的分部、分项工程验收。 方法能力： 1. 具有综合协调、处理复杂问题的能力； 2. 具有运用资源开展技术工作的能力； 3. 能依据现行法规、规范和标准控制施工主要过程； 4. 具有严谨务实的工作态度和良好的工作习惯。 社会能力： 1. 具有良好的职业精神和职业道德； 2. 具有一定的计划、组织和协调能力； 3. 具有团队意识和一定的人际沟通能力		
教学内容	单元1　钢筋混凝土构件的制作 1. 材料的应用和混凝土配合比； 2. 构件图的识读； 3. 预制构件加工的基本程序； 4. 预制构件的成型、振捣与养护；		

续表

<table>
<tr><th>课程名称</th><th>混凝土结构工程施工</th><th>学时</th><th>160学时</th></tr>
<tr><td>教学内容</td><td colspan="3">5. 预制构件质量的检验与评定。
单元2　脚手架工程施工
1. 脚手架的分类和选用知识；
2. 常见脚手架的计算；
3. 脚手架搭设的程序和要求；
4. 脚手架的拆除。
单元3　模板工程施工
1. 模板的分类和选用知识；
2. 常见模板的设计与计算；
3. 模板搭设的程序和要求；
4. 模板的拆除；
5. 模板工程的质量检验与评定。
单元4　钢筋工程施工
1. 钢筋的基本知识和选用；
2. 结构施工图的识读；
3. 钢筋加工的程序和要求；
4. 钢筋加工和安全施工；
5. 钢筋工程的验收和评定。
单元5　现浇混凝土结构施工
1. 现浇混凝土结构的特点和适用范围；
2. 现浇混凝土的施工程序和基本要求；
3. 现浇混凝土的搅拌、运输和浇筑施工；
4. 现浇混凝土结构的养护；
5. 现浇混凝土结构的质量检验与评定。
单元6　泵送混凝土施工
1. 泵送混凝土的特点；
2. 泵送混凝土的施工；
3. 泵送混凝土施工常见问题的处理。
单元7　单层钢筋混凝土排架结构厂房施工
1. 构件吊装方案制定和实施；
2. 构件的安装和校正；
3. 安全施工和质量检验</td></tr>
<tr><td>实训项目及内容</td><td colspan="3">项目1　钢筋混凝土构件的制作
1. 混凝土配合比设计及检测；
2. 构件的模板钢筋加工及绑扎；
3. 混凝土浇筑及养护；
4. 成品检验。</td></tr>
</table>

续表

课程名称	混凝土结构工程施工	学时	160学时
实训项目及内容	项目2　脚手架工程施工 1. 根据工程实际确定脚手架搭设方案； 2. 按照规程指导搭设脚手架。 项目3　模板工程施工 1. 编制模板施工方案； 2. 模板的架设和质量检验； 3. 模板的拆除。 项目4　钢筋工程施工 1. 钢筋技术指标和质量认定； 2. 钢筋的下料与加工； 3. 钢筋的绑扎； 4. 质量检测。 项目5　现浇混凝土结构施工 1. 施工图识读； 2. 专项施工方案制定； 3. 施工程序训练； 4. 质量检验与评定。 项目6　预应力混凝土构件施工 1. 有关设备的调试和使用； 2. 预应力钢筋布设和施工； 3. 成品检验。 项目7　单层装配式钢筋混凝土厂房施工 1. 编制施工方案； 2. 吊装设备选择与吊装方案制定； 3. 构件就位、调整与固定		
教学方法建议	采用讲授、多媒体、现场参观、操作等多种方式。 部分实训可以采用仿真或模拟的方式实施		
考核评价要求	1. 采取学生自评、小组互评、教师评价多个评价要素进行综合评价，实现阶段评价、目标评价、理论与实践一体化评价； 2. 以“知识、能力、过程、结果互补”的原则对学生进行考核评价。过程评价占总成绩50%以上； 3. 实训、施工方案编制、案例分析答辩是评价的主要内容		

屋面工程施工课程简介　　**表4**

课程名称	屋面工程施工	学时	60学时
教学目标	专业能力： 1. 能识读施工图，选择屋面工程所用建筑材料和施工机具； 2. 会编制专项施工方案，并在教师的指导下对专项方案进行分析选择； 3. 能进行常见的屋面工程施工； 4. 能进行施工质量检查验收，编制施工文件（工程技术资料），并进行文件归档		

续表

课程名称	屋面工程施工	学时	60学时
教学目标	方法能力： 1. 具有对一般房屋屋面工程施工任务的基本分析能力； 2. 具有判断防水工程质量通病和制定防范措施的能力； 3. 具有收集信息和编制工作计划的能力； 4. 具有观察、分析、判断、解决问题的能力和创新能力。 社会能力： 1. 具有组织、协调和沟通能力； 2. 具有较强的活动组织实施能力； 3. 具有良好的工作态度、责任心、团队意识、协作能力，并能吃苦耐劳		
教学内容	单元1　屋面防水工程施工 1. 屋面工程防水等级与设防； 2. 防水材料的性能及检验方法； 3. 屋面工程防水构造层次及其作用； 4. 高聚物改性沥青防水卷材施工； 5. 合成高分子防水卷材施工； 6. 刚性防水层施工； 7. 涂膜防水层施工； 8. 坡屋面防水施工； 9. 屋面工程质量验收。 单元2　屋面保温（隔热）工程施工 1. 屋面保温（隔热）材料的性能及检验方法； 2. 屋面保温（隔热）构造层次及作用； 3. 屋面保温（隔热）施工； 4. 屋面保温（隔热）工程质量验收		
实训项目及内容	项目1　卷材防水屋面模拟施工 1. 选择正确的卷材铺贴顺序、铺贴方向； 2. 正确涂刷冷底子油（或基层处理剂）； 3. 按照技术标准铺设卷材； 4. 做好细部处理（泛水、出屋面的管道等部位）； 5. 施工质量检测与评定。 项目2　刚性防水屋面模拟施工 1. 屋面防水材料的选择； 2. 防水层施工； 3. 细部构造处理及施工； 4. 施工质量检测与评定		

续表

课程名称	屋面工程施工	学时	60学时
教学方法建议	1. 理论教学：符合教学大纲要求，鼓励使用多媒体及工学一体化教材，采用讲解、讨论、答疑等方式，通过讲解思路、设计方法，培养学生分析和解决问题的能力； 2. 实践教学：基于工作过程进行实训项目设计，使学生在实践中学习，在学习中实践，最大限度调动学生参与的积极性，提高学习效果，为学生“零距离”上岗创造条件		
考核评价要求	1. 采取学生自评、小组互评、教师评价多个评价要素进行综合评价，实现阶段评价、目标评价、理论与实践一体化评价； 2. 以“知识、能力、过程、结果互补”的原则对学生进行考核评价。过程评价占总成绩50%以上； 3. 实训、施工方案编制、案例分析答辩是评价的主要内容		

3　教学进程安排及说明

1. 专业教学进程安排

建筑工程技术专业教学进程安排　　**表5**

课程类别	序号	课程名称	学时			课程按学期安排					
			理论	实践	合计	一	二	三	四	五	六
必修课		一、文化基础课									
	1	思想道德修养与法律基础	44	6	50	●					
	2	毛泽东思想与中国特色社会主义理论体系概论	54	6	60		●	●			
	3	形势与政策	30		30 讲座			●			
	4	国防教育与军事训练		60	60 2周	●					
	5	大学生心理健康教育	20		20 讲座		●				
	6	体育	40	40	80	●	●	●			
	7	英语	160	20	180	●	●				
	8	高等数学	80	10	90	●					
	9	计算机基础	44	16	60	●					
		小　计	472	158	630						
		二、专业课									
	10	建筑CAD	20	20	40		●				
	11	建筑力学与结构	160	20	180	●	●				
	12	建筑识图与构造	60	20	80	●					
	13	建筑施工测量	30	30	60		●				

续表

课程类别	序号	课程名称	学时			课程按学期安排					
			理论	实践	合计	一	二	三	四	五	六
必修课	14	基础工程施工★			100			●			
	15	砌体结构工程施工★			80			●			
	16	混凝土结构工程施工★			160			●	●		
	17	钢结构工程施工			50			●			
	18	屋面及防水工程施工★			60				●		
	19	装饰装修工程施工			50				●		
	20	建筑工程质量管理			40				●		
	21	建筑工程安全管理			40				●		
	22	建筑工程施工组织			60			●			
	23	建筑工程计量与计价★			90				●		
	小　计		270	90	1090						
选修课	三、限选课										
	24	建筑抗震知识			30						
	25	建筑法规			30						
	26	建筑工程施工质量问题处理			30						
	27	建筑工程监理概论			30						
	小　计				120						
	四、任选课										
	28	建筑节能与环保常识			30						
	29	建筑水暖电基本知识			30						
	30	应用文写作			30						
	31	大学生职业发展与就业指导			30						
	小计				120						
合计					1900						

注：1. 标注★的课程为专业核心课程。

2. 表中所列学时为参考学时，大部分课程采用理实一体的课程模式。

3. 任选课为4选2。

2. 实践教学安排

建筑工程技术专业实践教学安排　　　　表6

序号	项目名称	教学内容	对应课程	学时	实践教学项目按学期安排					
					一	二	三	四	五	六
1	认识实习			30		1周				
2	综合实训	1. 工程招投标与合同管理实训 2. 施工图会审实训 3. 建筑材料检测实训 4. 施工技术管理实训 5. 建筑工程技术资料管理实训		600					20周	

续表

序号	项目名称	教学内容	对应课程	学时	实践教学项目按学期安排					
					一	二	三	四	五	六
3	顶岗实习			480						16周
4	毕业答辩			30						1周
合计				1140		1周			20周	17周

注：1. 每周按30学时计算。

2. 综合实训可在校内或校外完成。

3. 教学安排说明

实行学分制的学校，修业年限可为2～6年。

课程学分：视课程难易程度和重要性每13～20学时计1学分，实践课每周计1学分。

毕业总学分约为150学分。

附录 2

高职高专教育建筑工程技术专业校内实训及校内实训基地建设导则

前　　言

《高职高专教育建筑工程技术专业校内实训及校内实训基地建设导则》是根据教育部、住房和城乡建设部的有关要求，在高职高专教育土建类专业教学指导委员会的组织领导下，由土建施工类专业分指导委员会编制完成的。

本导则编制过程中，在全国范围内开展了调查研究，对建筑工程技术专业校内实训和校内实训基地建设的现状进行了摸底。在此基础上，根据专业人才培养目标对职业能力培养的要求，经过多次征求意见后修改定稿。本导则是关于建筑工程技术专业校内实训教学与校内实训基地建设的指导性文件。

本导则内容包括：总则、术语、校内实训教学、校内实训基地、实训师资等。

在实施过程中，望有关院校注意积累资料和经验，若有意见和建议，及时向土建施工类专业分指导委员会反馈（地址：黑龙江省哈尔滨市利民开发区学院路　黑龙江建筑职业技术学院赵研收，邮编：150025）。

目　录

1 总　　则

1.0.1 为了加强和指导高职高专教育建筑工程技术专业校内实训教学和实训基地建设，强化学生实践能力，提高人才培养质量，特制定本导则。

1.0.2 本导则依据建筑工程技术专业学生的专业能力和知识的基本要求制定，是《高职高专教育建筑工程技术专业教学基本要求》的重要组成部分。

1.0.3 本导则适用于建筑工程技术专业校内实训教学和实训基地建设。

1.0.4 本专业校内实训应与校外实训相互衔接，实训基地应与其他相关专业及课程的实训实现资源共享。

1.0.5 建筑工程技术专业校内实训教学和实训基地建设，除应符合本导则外，尚应符合国家现行标准、政策的有关规定。

2 术　　语

2.0.1 实训

在学校控制状态下，按照人才培养规律与目标，对学生进行职业能力训练的教学过程。

2.0.2 基本实训项目

与专业培养目标联系紧密，且学生必须在校内完成的职业能力训练项目。

2.0.3 选择实训项目

与专业培养目标联系紧密，但可根据学校实际情况选择在校内或校外完成的职业能力训练项目。

2.0.4 拓展实训项目

与专业培养目标相联系，体现学校和专业发展特色，可在学校开展的职业能力训练项目。

2.0.5 实训基地

实训教学实施的场所，包括校内实训基地和校外实训基地。

2.0.6 共享性实训基地

与其他院校、专业、课程共用的实训基地。

2.0.7 理实一体化教学法

即理论实践一体化教学法，将专业理论课与专业实践课的教学环节进行整合，通过设定的教学任务，实现边教、边学、边做。

3 校内实训教学

3.1 一般规定

3.1.1 建筑工程技术专业必须开设本导则规定的基本实训项目，且应在校内完成。

3.1.2 建筑工程技术专业应开设本导则规定的选择实训项目，且宜在校内完成。

3.1.3 学校可根据本校专业特色，选择开设拓展实训项目。

3.1.4 实训项目的训练环境应符合建筑工程的真实环境。

3.1.5 本章所列实训项目，可根据学校所采用的课程模式、教学模式和实训教学条件，采取理实一体化教学或独立的实践教学进行训练；可按单个项目开展训练或多个项目综合开展训练。

3.2 基本实训项目

3.2.1 建筑工程技术专业的校内基本实训项目应包括建筑材料检测实训、普通测量实训、力学基础实训、土工基础实训、砌筑工实训、架子工实训、模板工实训、抹灰工实训、施工图识读实训、基础工程施工方案编制实训、砖混结构工程施工方案编制实训、钢筋混凝土框架结构工程施工方案编制实训、钢结构工程施工方案编制实训、招投标文件编制实训、施工组织设计编制实训、工程量清单与计价文件编制实训和施工技术资料编制实训等17项。

3.2.2 建筑工程技术专业的基本实训项目应符合表3.2.2的要求。

建筑工程技术专业的基本实训项目 表3.2.2

序号	实训项目	能力目标	实训内容	实训方式	评价要求
1	建筑材料检测实训	能对常用建筑材料的质量进行检测	水泥、混凝土、砂、钢筋及一般砌墙材料的质量检测	实操	根据实训过程、完成时间、实训结果、团队协作及实训后的场地整理进行评价
2	普通测量实训	能用普通测量仪器对一般土建工程进行测量放线	经纬仪、水准仪的使用和施工测量	实操	根据实训准备、操作过程和完成结果进行评价
3	力学基础实训	能对常用材料进行各种力学性能的检测	材料的拉伸、压缩、扭转、冷弯性试验	实操	根据实训过程、完成时间、实训结果、团队协作及实训后的场地整理进行评价
4	土工基础实训	能测试土的物理性质指标和力学性质指标	1. 土的物理性质指标测试； 2. 土的力学性质指标测试	实操	根据实训过程、完成时间、实训结果、团队协作及实训后的场地整理进行评价

续表

序号	实训项目	能力目标	实训内容	实训方式	评价要求
5	砌筑工实训	1. 能进行砖砌体、砌块砌体砌筑； 2. 能对各种砌体进行施工质量检查	1. 规定形状、尺寸砌体砌筑； 2. 砌体质量检查	实操	根据学生实际操作的工艺过程、完成时间和结果进行评价，操作结果参照相应施工质量验收规范
6	架子工实训	1. 能进行双排脚手架的搭设； 2. 能对脚手架进行施工质量与安全的检查	1. 双排脚手架的搭设； 2. 对脚手架进行施工质量与安全的检查验收	实操	根据学生实际操作的工艺过程、完成时间和结果进行评价，操作结果参照相应施工质量验收规范
7	模板工实训	1. 能进行组合钢模板的配板和安装； 2. 能对各类模板的施工质量进行检查	1. 基础、柱、梁、板等构件模板的安装； 2. 基础、柱、梁、板等构件模板质量检查	实操	根据学生实际操作的工艺过程、完成时间和结果进行评价，操作结果参照相应施工质量验收规范
8	抹灰工实训	1. 能进行一般抹灰的操作； 2. 能对一般抹灰工程的施工质量进行检查	1. 一般抹灰操作； 2. 抹灰质量检查	实操	根据学生实际操作的工艺过程、完成时间和结果进行评价，操作结果参照相应施工质量验收规范
9	施工图识读实训	能识读一般土建施工图	1. 建筑专业施工图识读； 2. 结构专业施工图识读； 3. 建筑设备主要施工图识读	识图	用真实的工程施工图纸作为评价载体，按照读图的程序，根据学生读图速度、对图纸内容领会的准确度、图纸的认知程度和综合对应程度进行评价
10	基础工程施工方案编制实训	能编制基础工程施工方案	浅基础或深基础工程施工方案编制	技术文件编制	根据方案编制过程、完成时间和结果进行评价
11	砖混结构工程施工方案编制实训	能编制多层砖混结构工程施工方案	多层砖混结构工程施工方案编制	技术文件编制	根据方案编制过程、完成时间和结果进行评价
12	钢筋混凝土框架结构工程施工方案编制实训	能编制多层钢筋混凝土框架结构施工方案	1. 基础、柱、梁等构件钢筋翻样； 2. 多层钢筋混凝土框架结构施工方案编制	技术文件编制	根据方案编制过程、完成时间和结果进行评价
13	钢结构工程施工方案编制实训	能编制一般钢结构工程施工方案	一般钢结构工程施工方案编制	技术文件编制	根据方案编制过程、完成时间和结果进行评价
14	招投标文件编制实训	能编制一般工程的招投标文件	一般工程的招投标文件编制	技术经济文件编制	根据招投标文件的编制过程和结果进行评价，编制结果参照国家有关工程施工招标投标文件编制规范

续表

序号	实训项目	能力目标	实训内容	实训方式	评价要求
15	施工组织设计编制实训	能编制单位工程施工组织设计	一般土建工程施工组织设计文件编制	技术文件编制	根据施工组织设计文件的编制过程和结果进行评价，编制结果参照《建筑施工组织设计规范》GB/T 50502
16	工程量清单与计价文件编制实训	能编制单位工程的工程量清单与计价文件	一般土建工程的工程量清单与计价文件编制	技术经济文件编制	根据工程量清单与计价文件编制过程和结果进行评价
17	施工技术资料编制实训	能编制一般土建工程施工技术资料	一般土建工程施工技术资料编制	技术文件编制	根据施工技术资料编制过程和结果进行评价

3.3 选择实训项目

3.3.1 建筑工程技术专业的选择实训项目应包括精密测量实训、施工质量检查验收实训、深基坑支护实训和施工项目管理综合实训等4项。

3.3.2 建筑工程技术专业的选择实训项目应符合表3.3.2的要求。

建筑工程技术专业的选择实训项目 **表3.3.2**

序号	实训项目	能力目标	实训内容	实训方式	评价要求
1	精密测量实训	能用精密测量仪器对一般土建工程进行测量放线	精密测量仪器的使用和施工测量	实操	根据实训准备、操作过程和完成结果进行评价
2	施工质量检查验收实训	能进行一般土建工程的施工质量检查验收	1. 基础工程施工质量检查验收； 2. 主体结构工程施工质量检查验收； 3. 屋面与防水工程施工质量检查验收； 4. 装饰装修工程施工质量检查验收	实操	根据学生实际操作的过程、完成时间和结果进行评价
3	深基坑支护实训	1. 能进行常见深基坑支护的施工安全检查； 2. 能对深基坑支护工程的施工质量进行检查验收	1. 常见深基坑支护的施工安全检查； 2. 深基坑支护的施工质量检查验收	实操	根据学生实际操作的过程、完成时间和结果进行评价，操作结果参照《建筑地基基础工程施工质量验收规范》GB 50202及《建筑施工安全检查标准》JGJ 59

续表

序号	实训项目	能力目标	实训内容	实训方式	评价要求
4	施工项目管理综合实训	能组织一般土建工程施工与管理	1. 工程招投标； 2. 图纸深化与施工交底； 3. 施工组织设计与施工图预算编制； 4. 项目经理部设置； 5. 文明施工现场布置	技术经济文件编制与实操	根据学生对工程施工各种技术经济文件的编制和组织管理情况，参照《建设工程项目管理规范》GB/T 50326规定进行评价

3.4 拓 展 实 训 项 目

3.4.1 建筑工程技术专业可根据本校专业特色，自主开设拓展实训项目。

3.4.2 建筑工程技术专业开设的钢筋工实训、混凝土工实训、钢筋混凝土楼盖设计实训、建筑节能实训等拓展实训项目宜符合表3.4.2的要求。

建筑工程技术专业的拓展实训项目　　表3.4.2

序号	实训项目	能力目标	实训内容	实训方式	评价要求
1	钢筋工实训	1. 能进行钢筋加工； 2. 能对钢筋加工进行质量检查	1. 钢筋的加工； 2. 钢筋加工质量检查； 3. 基础、柱、梁、板等钢筋骨架的安装	实操	根据学生实际操作的工艺过程、完成时间和结果进行评价，操作结果参照相应施工质量验收规范
2	混凝土工实训	1. 能进行混凝土施工配料； 2. 能进行混凝土搅拌、浇筑及养护	混凝土施工配料、搅拌、浇筑及养护	实操	根据学生实际操作的工艺过程、完成时间和结果进行评价，操作结果参照相应施工质量验收规范
3	钢筋混凝土楼盖设计实训	能进行钢筋混凝土楼盖设计	1. 结构计算； 2. 施工图绘制	设计	根据实训过程以及结构计算和施工图绘制结果进行评价，结构计算和施工图绘制结果参照《混凝土结构设计规范》GB 50010和《混凝土结构施工图平面整体表示方法制图规则和构造详图》11G101
4	建筑节能实训	1. 能进行建筑门窗及幕墙节能检测； 2. 能进行外墙复合保温墙体工程施工操作； 3. 能对建筑节能工程的施工质量进行检查验收	1. 建筑门窗及幕墙节能检测； 2. 外墙复合保温墙体工程施工； 3. 建筑节能工程施工质量检查验收	实操	根据实操过程、完成时间和结果进行评价，操作结果参照《建筑节能工程施工质量验收规范》GB 50411

3.5 实训教学管理

3.5.1 各院校应将实训教学项目列入专业培养方案，所开设的实训项目应符合本导则要求。

3.5.2 每个实训项目应有独立的教学大纲和考核标准。

3.5.3 学生的实训成绩应在学生学业评价中占适当比例，独立开设的实训项目应单独记载成绩。

4 校内实训基地

4.1 一般规定

4.1.1 校内实训基地的建设，应符合下列原则和要求：

1. 因地制宜、开拓创新，具有实用性、先进性和效益性，满足学生职业能力培养的需要；
2. 源于现场、高于现场，尽可能体现真实的职业环境，体现本专业领域新材料、新技术、新工艺、新设备的应用现状；
3. 实训设备应优先选用工程用设备。

4.1.2 各院校应根据学校区位、行业和专业特点，积极开展校企合作，探索共同建设生产性实训基地的有效途径，积极探索虚拟工艺、虚拟现场等实训新手段。

4.1.3 各院校应根据区域学校、专业以及企业布局情况，统筹规划、建设共享型实训基地，努力实现实训资源共享，发挥实训基地在实训教学、员工培训、技术研发等多方面的作用。

4.2 校内实训基地建设

4.2.1 基本实训项目的实训设备（设施）和实训室（场地）是开设本专业的基本条件，各院校应达到本节要求。

选择实训项目、拓展实训项目在校内完成时，其实训设备（设施）和实训室（场地）应符合本节要求。

4.2.2 建筑工程技术专业校内实训基地的场地最小面积、主要设备（设施）名称及数量见表4.2.2-1至表4.2.2-11的要求。

注：本导则按照1个教学班实训计算实训设备（设施）。

建筑材料检测实训设备配置标准 表 4.2.2-1

序号	实训任务	实训类别	主要设备（设施）名称	单位	数量	实训室（场地）面积
1	水泥实训	基本实训	水泥稠度负压筛析仪	台	1	不小于 $120m^2$
			水泥净浆搅拌机	台	8	
			水泥胶砂搅拌机	台	5	
			雷氏沸煮箱	台	2	
			水泥胶砂振实台	台	4	
			电子天平	台	8	
			水泥标准稠度测定仪	台	8	
			水泥全自动压力机	台	2	
			新标准水泥跳桌	台	4	
			电动抗折试验机	台	3	
			砂浆稠度仪	台	4	
			砂浆分层度仪	台	4	
2	混凝土养护实训	基本实训	水泥混凝土恒温恒湿养护箱	台	2	不小于 $50m^2$
			水泥快速养护箱	台	2	
			标准恒温恒湿养护箱	台	1	
3	骨料筛分实训	基本实训	分样筛振摆仪	台	4	不小于 $50m^2$
			电热鼓风干燥箱	台	1	
			新标准砂石筛	台	8	

测量实训设备配置标准 表 4.2.2-2

序号	实训任务	实训类别	主要设备（设施）名称	单位	数量	实训室（场地）面积
1	测量实训	基本实训	普通经纬仪 DJ6	套	10	不小于 $30m^2$
			普通水准仪 DS3	台	10	
2	精密测量实训	选择实训	经纬仪 J6E	台	10	不小于 $30m^2$
			激光垂准仪 DZJ2	台	2	
			自动安平水准仪 DSZ2	台	3	
			电子经纬仪 DJD2A	台	3	
			精密经纬仪 J2-2	台	3	
			精密水准仪	台	3	
			全站仪	台	2	
			静态 GPS9600	台	1	
			全站仪 RTS602	台	2	
			精密经纬仪 J2-2	台	2	
			精密水准仪 DSZ2	台	2	
			Windows CE 智能免棱镜全站仪	台	2	
			免棱镜全站仪 NTS-352R	台	4	
			双频动态 GPSS86	台	2	

力学基础实训设备配置标准　　表 4.2.2-3

序号	实训任务	实训类别	主要设备（设施）名称	单位	数量	实训室（场地）面积
1	力学实训	基本实训	电子万能材料试验机 WE-1000BS	台	1	不小于 70m²
			电子数显万能材料试验机 WE-600BS	台	1	
			弯曲夹具	台	1	
			洛氏硬度仪	台	1	
			高强度螺栓智能检测仪	台	1	
			液压式压力试验机 YE－200A	台	1	
			液压式万能材料试验机 WE-60	台	1	
			电脑恒加荷压力试验机 YAW-300	台	1	
			电脑恒压力试验机 YES-2000	台	1	
			混凝土试模	台	40	
			电子秤	台	4	
			拌合槽	台	4	

土工基础实训设备配置标准　　表 4.2.2-4

序号	实训任务	实训类别	主要设备（设施）名称	单位	数量	实训室（场地）面积
1	土工实训	基本实训	光电液塑限测定仪	台	1	不小于 60m²
			电子天平	台	1	
			双联固结仪	台	1	
			三轴剪力仪	台	1	
			应变式电动手摇直剪仪	台	10	
			手动液塑限仪	台	8	

工种训练实训设备配置标准　　表 4.2.2-5

序号	实训任务	实训类别	主要设备（设施）名称	单位	数量	实训室（场地）面积
1	砌筑工实训	基本实训	砖墙体：长 10m×高 2.5m； 工艺步骤砖墙体：长 5m×3 组； 轻骨料混凝土小型空心砌块墙体：长 5m×高 1.5m； 工艺步骤墙体：长 5m×2 组； 普通混凝土小型空心砌块墙体：长 5m×高 1.5m； 工艺步骤墙体：长 5m×高 1.5m； 混凝土梁柱：柱 400×400、构造柱 200×200、加固梁 200×200； 填充墙砌体：长 6m×高 2.5m； 工艺步骤墙体：长 6m×2 组	套	1	不小于 70m²

续表

序号	实训任务	实训类别	主要设备（设施）名称	单位	数量	实训室（场地）面积
2	抹灰工实训	基本实训	抹灰墙面：长 10m×高 2.5m； 装饰抹灰墙面：长 10m×高 2.5m； 贴砖墙面；长 10m×高 2.5m； 干挂石材墙面：长 10m×高 2.5m	套	1	不小于 $50m^2$
3	模板工实训	基本实训	工具式钢模板及木模板	套	1	不小于 $50m^2$
4	架子工实训	基本实训	钢管脚手架	套	1	不小于 $50m^2$
5	钢筋工实训	拓展实训	钢筋工作台 6 个、钢筋切断机、钢筋调直机、钢筋弯曲机、弧焊机、对焊机、电渣压力焊机、钢筋套丝机、钢筋挤压机、操作及检测工具	套	1	不小于 $50m^2$
6	混凝土工实训	拓展实训	计量设备、混凝土搅拌机、插入式混凝土振捣器	套	1	不小于 $50m^2$

施工质量检查验收实训设备配置标准　　表 4.2.2-6

序号	实训任务	实训类别	主要设备（设施）名称	单位	数量	实训室（场地）面积
1	框架结构施工质量检查验收实训	基本实训	框架结构节点	套	1	不小于 $70m^2$
			框架结构施工现场环境	套	1	
			质量检查工具	套	5	
2	砖混结构施工质量检查验收实训	基本实训	砖混结构节点	套	1	不小于 $70m^2$
			砖混结构施工现场环境	套	1	
			质量检查工具	套	5	
3	钢结构施工质量检查验收实训	基本实训	钢结构节点	套	1	不小于 $70m^2$
			钢结构施工现场环境	套	1	
			质量检查工具	套	5	

施工图识读实训设备配置标准　　表 4.2.2-7

序号	实训任务	实训类别	主要设备（设施）名称	单位	数量	实训室（场地）面积
1	施工图识读实训	基本实训	建筑施工图、结构施工图、设备施工图	套	50	不小于 $70m^2$

工程量清单与计价文件编制实训设备配置标准　　表 4.2.2-8

序号	实训任务	实训类别	主要设备（设施）名称	单位	数量	实训室（场地）面积
1	工程量清单与计价文件编制实训	基本实训	计算机	台	50	不小于 $70m^2$
			造价软件（网络版）	套	1	
			建筑施工图、结构施工图、设备施工图	套	50	

施工技术资料编制实训设备配置标准　　表 4.2.2-9

序号	实训任务	实训类别	主要设备（设施）名称	单位	数量	实训室（场地）面积
1	施工技术资料编制实训	基本实训	计算机	台	50	不小于 70m²
			资料管理软件（网络版）	套	1	
			资料柜	个	3	

建筑节能实训设备配置标准　　表 4.2.2-10

序号	实训任务	实训类别	主要设备（设施）名称	单位	数量	实训室（场地）面积
1	建筑节能实训	拓展实训	建筑节能构造与施工工艺模型；建筑节能节点；建筑节能施工现场环境	套	1	不小于 70m²

施工项目管理综合实训设备配置标准　　表 4.2.2-11

序号	实训任务	实训类别	主要设备（设施）名称	单位	数量	实训室（场地）面积
1	施工项目管理综合实训	选择实训	施工现场项目部配套设施	套	1	不小于 100m²
			施工现场配套设施	套	1	不小于 100m²
			投影仪、桌椅、资料等	套	1	不小于 100m²
			砖混结构实训场	个	1	不小于 200m²
			框架结构实训场	个	1	不小于 200m²

4.3　校内实训基地运行管理

4.3.1　学校应设置校内实训基地管理机构，对实践教学资源进行统一规划，有效使用。

4.3.2　校内实训基地应配备适当数量的专职管理人员，负责日常管理。

4.3.3　学校应建立并不断完善校内实训基地管理制度和相关绩效评价规定，使实训基地的运行科学有序，探索开放式管理模式，充分发挥校内实训基地在人才培养中的作用。

4.3.4　学校应定期对校内实训基地设备进行检查和维护，保证设备的正常安全运行。

4.3.5　学校应有足额资金的投入，保证校内实训基地的运行和设施更新。

4.3.6　学校应建立校内实训基地考核评价制度，形成完整的校内实训基地考评体系。

5 实训师资

5.1 一般规定

5.1.1 实训教师应履行指导、管理实训学生和对实训进行考核评价的职责。实训教师可以专任或兼职。

5.1.2 学校应建立实训教师队伍建设的制度和措施，有计划对实训教师进行培训。

5.2 实训师资数量及结构

5.2.1 学校应依据实训教学任务、学生人数合理配置实训教师，每个实训项目不宜少于2人。

5.2.2 各院校应努力建设专任与兼职结合的实训教师队伍，专任与兼职比例宜为1∶1。

5.3 实训师资能力及水平

5.3.1 学校专任实训教师应熟练掌握相应实训项目的技能，宜具有工程实践经验及相关职业资格证书，具备中级（含中级）以上专业技术职务。

5.3.2 企业兼职实训教师应具备本专业理论知识和实践经验，经过教育理论培训；指导工种实训的兼职教师应具备相应专业技术等级证书，其余兼职教师应具有中级及以上专业技术职务。

附录A 校外实训

A.1 一般规定

A.1.1 校外实训是学生职业能力培养的重要环节，各院校应高度重视，科学实施。

A.1.2 校外实训应以实际工程项目为依托，以实际工作岗位为载体，侧重于学生职业综合能力的培养。

A.2 校外实训基地

A.2.1 建筑工程技术专业校外实训基地应设立在具有较好资质的房屋建筑工程施工总承包和专业承包企业。

A.2.2 校外实训基地应能提供与本专业培养目标相适应的职业岗位，并宜对学生实施轮岗实训。

A. 2. 3 校外实训基地应具备符合学生实训要求的场所和设施，具备必要的学习及生活条件，并配置专业人员指导学生实训。

A. 3 校外实训管理

A. 3. 1 校企双方应签订协议，明确责任，建立有效的实习管理工作制度。

A. 3. 2 校企双方应有专门机构和专门人员对学生实训进行管理和指导。

A. 3. 3 校企双方应共同制定学生实训安全制度，采取相应措施保证学生实训安全，学校应为学生购买意外伤害保险。

A. 3. 4 校企双方应共同成立学生校外实训考核评价机构，共同制定考核评价体系，共同实施校外实训考核评价。

附录B 本导则引用标准

1. 建筑工程施工质量验收统一标准 GB 50300
2. 建筑地基基础工程施工质量验收规范 GB 50202
3. 混凝土结构工程施工质量验收规范 GB 50204
4. 砌体工程施工质量验收规范 GB 50203
5. 钢结构工程施工质量验收规范 GB 50205
6. 建筑装饰装修工程施工质量验收规范 GB 50210
7. 屋面工程施工质量验收规范 GB 50207
8. 建筑施工安全检查标准 JGJ 59
9. 混凝土结构设计规范 GB 50010
10. 混凝土结构施工图平面整体表示方法制图规则和构造详图 11G101
11. 建筑节能工程施工质量验收规范 GB 50411
12. 建设工程工程量清单计价规范 GB 50500
13. 建设工程项目管理规范 GB/T 50326
14. 建筑施工组织设计规范 GB/T 50502

本导则用词说明

为了便于在执行本导则条文时区别对待，对要求严格程度不同的用词说明如下：

1. 表示很严格，非这样做不可的用词：

正面词采用“必须”；

反面词采用“严禁”。

2. 表示严格，在正常情况下均应这样做的用词：
正面词采用“应”；
反面词采用“不应”或“不得”。
3. 表示允许稍有选择，在条件许可时首先应这样做的用词：
正面词采用“宜”或“可”；
反面词采用“不宜”。